Ernst Brand

Zur Hydrotherapie des Typhus

Bericht über in St. Petersburg, Stettin und Luxemburg hydriatisch

behandelte Fälle

Ernst Brand

Zur Hydrotherapie des Typhus
Bericht über in St. Petersburg, Stettin und Luxemburg hydriatisch behandelte Fälle

ISBN/EAN: 9783743656536

Hergestellt in Europa, USA, Kanada, Australien, Japan

Cover: Foto ©berggeist007 / pixelio.de

Weitere Bücher finden Sie auf **www.hansebooks.com**

Zur

Hydrotherapie des Typhus.

Bericht

über

in St. Petersburg, Stettin und Luxemburg

hydriatisch behandelte Fälle

von

DR. ERNST BRAND

Arzt in Stettin.

STETTIN, 1863.

VERLAG VON TH. VON DER NAHMER.

Seitdem das Verfahren, den Typhus spezifisch mit Wasser (physikalisch-physiologisch) zu behandeln, durch meine Schrift „die Hydrotherapie des Typhus. Stettin, 1861. Th. v. d. Nahmer" in weiteren Kreisen bekannt geworden ist, sind mir von verschiedenen Seiten zustimmende und zu weiterer Fortbildung des Verfahrens auffordernde Mittheilungen gemacht worden. So angenehm mir solche sein müssen, so entspricht doch meinen Intentionen mehr die Erfüllung des in der genannten Abhandlung Seite IV ausgesprochenen Wunsches, dass meine Angaben möchten an competenter Stelle und unter Controle in grösserem Maassstabe eingehender Prüfung unterworfen werden. Leider habe ich mich einer solchen von Seiten klinischer Lehrer bis jetzt nicht zu erfreuen, wenigstens ist mir nichts davon bekannt geworden, dagegen ist man in einem Civil- und einem Militärhospital so gütig gewesen, die Wasserbehandlung in Anwendung zu bringen. In St. Petersburg hat Dr. Metzler mit Erlaubniss des Geheimerath Dr. von Otsolig in dem dortigen Arbeiterhospital 30) exanthematische, 6 petechiale und 46 einfache und anomale Typhen dem Verfahren unterworfen. In Luxemburg, wo auf dem Rhamen daselbst vom Jahre 1861 auf 1862 der Typhus unter dem Militär epidemisch grassirte, hat Oberstabsarzt Dr. Göden die Gefälligkeit gehabt, 27 Abdominaltyphen von meist schwerem Charakter nach meinen Angaben zu behandeln. Den Bericht des Dr. Metzler findet man in der St. Petersb. med. Zeitschrift Bd. I. S. 198, den des Oberstabsarzt Dr. Göden in der Preuss. militärärztl. Zeitung 1862, No. 23 und 24. Es ist zu bedauern, dass der letztere nur Einiges über diese

1

Typhusepidemie und die Behandlungsresultate bringt. Aus die-. sem „Einigen" schon geht eine solche Gründlichkeit und Exaktheit in der Forschung, eine so hohe Wissenschaftlichkeit und Aufopferungsfähigkeit des Beobachters hervor, dass von dem vollständigen Berichte und der Anführung der Spezialitäten grosser Gewinn für die Wissenschaft erwartet werden muss. Ich für meinen Theil bin dem Herrn Verfasser zu besonderem Dank verpflichtet für die Sorgfalt, mit der er sich in meine Ideen hineinzufinden gesucht hat.

Das Resultat der Untersuchungen ist die Bestätigung meiner Angaben.

Die Pointe meiner für die Behandlung des Typhus aufgestellten Grundsätze lässt sich kurz folgendermassen zusammenfassen:

1) der Einfluss meiner Therapie des Typhus ist so gross, dass das Krankheitsbild vollständig verändert wird, indem Gehirnerscheinungen fast ganz fehlen und die Funktionsfähigkeit der Organe erhalten bleibt, — dass die Dauer des Prozesses wesentlich abgekürzt wird, — dass die Rekonvalescenz rasch in vollständige Genesung übergeht;

2) wird der Typhus gleich im Anfang seines Entstehens diesem Verfahren unterworfen, so nimmt er keinen anomalen Verlauf, degenerirt nicht und endet im Allgemeinen niemals tödlich;

3) geschieht dies bei schon entwickelter Krankheit, schon eingetretener Blutzersetzung, so sind die Chancen auf Sicherheit des Erfolges zwar geringer, aber immerhin ist noch die Wahrscheinlichkeit, in den schwersten Fällen noch die Möglichkeit auf einen günstigen Ausgang vorhanden.

Die Berichte ergeben, dass über die Richtigkeit des ersten Satzes nur eine Stimme herrscht. „Indem die Wasserbehandlung", schreibt Metzler l. c. S. 203, „das Fieber fortwährend dämpft, verhindert sie eine excessive Entwicklung desselben und scheidet somit alle jene beunruhigenden Erscheinungen aus, die auf einer solchen beruhen. Weil sie gleichzeitig das Nervensystem direkt, je nach individuellen Verhältnissen und jeweiligen Zuständen, auf die verschiedenste

Weise zu influenziren vermag, erhält sie dessen normale Thätigkeit bis zu einem gewissen Maasse. Dem entsprechend fehlen gerade jene Erscheinungen, welche als charakteristisch für den Typhus gelten und als Zeichen einer tiefen Störung des Blut- und Nervenlebens auftreten, unter der Wasserbehandlung fast ganz. Delirien sind eine solche Seltenheit, dass sie kaum in tödlich endenden Fällen beobachtet werden, und, wo sie beim Eintritt des Kranken vorhanden sind, schwinden sie fast immer nach den ersten Applikationen des Wassers; Bewusstlosigkeit, vollkommener Stupor ist eine ebenso seltene Erscheinung; dafür stellt sich aber bald ruhiger, erquickender Schlaf ein. Vollkommene Bewegungsunfähigkeit und Erschlaffung der Muskulatur wird unter der Wasserbehandlung nicht beobachtet. Die wenigsten meiner Kranken haben den ganzen Tag im Bette zugebracht, indem ich sie, wenn nicht mehr, doch mindestens nach jedem Cureingriff gehen oder herumführen liess. Der starke Verfall und die übergrosse Erschlaffung wird dadurch verhütet, dass die Wasserbehandlung eine kräftige Diät und Wein erlaubt, sobald sich Verlangen nach Nahrung einstellt, was immer in den ersten Tagen, oft sogar nach den ersten Cureingriffen der Fall ist. Die Erhaltung der Kräfte durch eine nährende Diät ist im Typhus ganz besonders nothwendig und die möglichst frühzeitige Darreichung einer solchen hat bei der Wasserbehandlung durchaus keine Gefahr, weil unter derselben alle Funktionen des Organismus, Ausscheidungs- wie Aufsaugungsprozesse mit einer gewissen Regelmässigkeit, sogar Energie fortgehen, und Durchfälle im Ganzen eine Seltenheit sind. Indem weiter die Wasserbehandlung, Erkältung nicht fürchtend, der frischen Luft stets, auch im Winter, den Zutritt in's Zimmer nicht allein, sondern auch an den entblössten Körper und zu den Lungen des Kranken gestattet, unterhält und begünstigt sie den Athmungsprozess und unterstützt auch auf diese Weise den Lebensprozess. Indem sie ferner durch Erregung und Unterhaltung der peripherischen Blutcirculation eine Hyperämie der innern Organe verhütet, oder eine solche, wo sie bereits besteht, rasch zur Vertheilung bringt, beugt sie der Bildung von pathologischen

Produkten und anatomischen Veränderungen vor und schafft, wo solche bereits vorhanden, durch Regelung der Circulation die Bedingungen zur Vertheilung; indem sie endlich im Stande ist, die Wärme im Ganzen und lokal zu erhöhen und Hyperämie zu bewirken, leistet sie das Gewünschte dort, wo ein Sinken der allgemeinen Lebensthätigkeit droht, und wo vermehrte Thätigkeit und Circulation die Bedingungen der Resorption und Neubildung sind. — Indem die Wasserbehandlung auf diese Weise den Krankheitsverlauf mildert, nimmt sie dem Typhus, namentlich wenn er zeitig in Behandlung kommt, jenen beunruhigenden, gefahrdrohenden Charakter, der ihn zu einer der gefürchtetsten Krankheiten macht. Hierin liegt es eingeschlossen, dass die Krankheit weit seltener jene gefährliche Grenze zwischen Leben und Tod erreicht, die der leiseste Anstoss, die geringfügigsten ganz ausserhalb unserer Macht und Berechnung liegenden Umstände zum Fallen bringen und dass die Behandlung öfter und mit grösserer Sicherheit einen glücklichen Ausgang herbeiführt. Besonders augenfällig zeigt sich der Einfluss des Wassers auf den Krankheitsverlauf dort, wo Fälle von bereits vorgeschrittenem Typhus unter die hydriatische Behandlung kommen, indem sehr rasch eine Milderung der Erscheinungen und ein Umschwung zum Bessern eintritt. Ja selbst in tödlich endenden Fällen gelingt es meist noch, eine Milderung der Erscheinungen und eine gewisse Ruhe herbeizuführen. In dieser Wirkungsweise liegt es denn auch begründet, dass die Kranken rasch genesen, und dass das den Typhus sonst charakterisirende lange Stadium der Rekonvalescenz unter der Wasserbehandlung fortfällt. Nach Ablauf des Krankheitsprozesses genügen nur wenige Tage, um dem Kranken den Gebrauch seiner Kräfte wiederzugeben. Nach allem Diesem wäre der Schluss, dass die Wasserbehandlung im Vergleich zu andern Behandlungsweisen die Sterblichkeit im Typhus mindere, wohl erlaubt." — —

Dr. Güden in Luxemburg schreibt hierüber l. c. S. 289: „Die Wirkung der wiederholten Bäder, wie sie die Methode des Dr. Brand vorschreibt, war im Allgemeinen entschieden günstig auf alle Organe und Systeme des an Typhus erkrankten Organismus. Das Sensorium des Kranken wurde gewöhnlich sehr bald und blieb meist während der ganzen Krankheit freier, als es sonst bei entschiedenem Typhus zu sein pflegt. Die Kranken gaben gewöhnlich nicht bloss richtige Antworten auf die an sie gerichteten Fragen und erkannten die Umstehenden, sondern sie urtheilten auch im Allgemeinen richtig über ihre Empfindungen, ihren Zustand und kündigten ihre Bedürfnisse an. Sie äusserten oft Furcht vor dem Bade, baten um Unterlassung desselben und suchten sich demselben sogar durch List zu entziehen.

Die Muskelkraft hob sich gleichfalls nach den Bädern und gerieth überhaupt weniger in Verfall. Die Kranken suchten sich oft beim An- und Auskleiden, beim Baden, beim Trinken, bei Verrichtung der Bedürfnisse etc. die nöthigen Hülfen zu geben, sie wechselten die Lage im Bette und rutschten gewöhnlich nicht an's Fussende des Bettes.

Die Unterleibsfunktionen regelten sich auffallend schnell. Die harte, eigenthümliche Typhuszunge mit ihren Rissen und Borken kam im Februar gar nicht, und im April nur vorübergehend bei den schwersten Kranken vor; desgleichen der braune Belag an den Zähnen und Lippenrändern. Die im Beginn vorhandenen wässrigen, sich in zwei Schichten trennenden Stuhlentleerungen wurden bei der hydriatischen Behandlung gewöhnlich sehr bald fäkulent, breiig, selbst geformt. Aber nicht selten traten im weiteren Verlauf der Krankheit ohne nachweisbare Veranlassung wieder diarrhoische Stühle ein, die bei unverändert fortgesetzter Behandlung und entsprechender Regelung der Diät bald schwanden und überhaupt keine diagnostische Bedeutung hatten. Auftreibung des Unterleibes in Folge von Ueberfüllung mit Gas kam im Allgemeinen nur selten und mit Ausnahme eines Falles von starkem Meteorismus, in unbedeutendem Grade vor. Der Durst verminderte sich gewöhnlich bei der hydriatischen Behandlung, der Widerwille gegen Speisen schwand sehr bald und Appetit stellte sich oft ungewöhnlich früh und lebhaft ein. Der Schmerz beim Druck in der Ileocöcalgegend, wenn er überhaupt vorhanden war, wurde gewöhnlich bei dieser Cur geringer. Die stets vorhandene Intumescenz der Milz bestand ziemlich unverändert auch bei der hydriatischen Behandlung fort. Dieser günstige Einfluss der Cur auf die Unterleibs-funktionen musste wohl ebensosehr auf Rechnung der früher erwähnten Leibkompressen als der Bäder mit Uebergiessungen gestellt werden. Auch die so sehr häufig gleichzeitig vorge-kommenen Catarrhe der Respirationsorgane und selbst die bronchitischen und pneumonischen Affektionen verliefen in der hydriatischen Behandlung ohne spezielle Medikation auffallend günstig. Die Urinsekretion war im Allgemeinen bei dieser Curmethode reichlich. Die Reaktion des Urins war fast durch-weg sauer, nur ausnahmsweise mitunter neutral und höchst selten alkalisch. Im Beginn der Krankheit war der Urin meist lehmig, trübe oder dunkel gefärbt, wurde aber sehr bald klar und heller von Farbe, auch oft ganz blass, setzte auch nicht selten Sediment ab, dem jedoch nicht immer eine kri-tische Bedeutung beigelegt werden konnte.

Die Hautthätigkeit wurde durch die Bäder und nassen Compressen entschieden angeregt; die trockene heisse Haut wurde sehr bald aufgeschlossen und duftend, auch Schweisse traten gewöhnlich bald ein, waren jedoch nicht immer als Krisen zu betrachten. Auf das Typhusexanthem übten weder die Bäder, noch die nassen Compressen einen bestimmten nachweisbaren Einfluss. Kritische Furunkel und Abscesse wurden im April und Mai noch häufiger beobachtet, als im Februar und März. Oft dokumentirte sich fester und anhal-tender Schlaf als kritisch.

Demnach war der günstige Einfluss der hydriatischen Behandlung bei unsern Kranken unverkennbar. Er zeigte sich fast nach jedem Einzelbade und in Folge der sorgsamen und regelrechten Durchführung der Methode des Dr. Brand wurde der ganze Verlauf des Typhus im Allgemeinen viel milder und die Rekonvalescenz erfolgte schneller und voll-ständiger als sonst unter gleichen Umständen. Das dem Ty-phus so oft folgende Siechthum trat weniger häufig ein und war dann von kurzer Dauer. Nachkrankheiten kamen bei keinem hydriatisch behandelten Kranken vor. Keiner kam hinterher wegen „Schwäche" oder anderer Leiden zur Entlassung vom Militair. Alle hydriatisch Behandelten sind wieder in Reihe und Glied bei den Truppen eingetreten, obgleich mehrere von ihnen unzweifelhaft einen Typhus der allerschwersten Art durchgemacht haben.

Die Methode des Dr. Brand, der sich durch die Veröffentlichung und wissenschaftliche Begründung derselben nach meiner Ueberzeugung ein bleibendes Verdienst erworben hat, kann der Beachtung und ferneren Prüfung der Aerzte nicht dringend genug empfohlen werden." — —

Ich selbst habe in Bezug auf die im 1. Satze ausgesprochenen Thatsachen meinen früheren Angaben nichts Neues hinzuzufügen. Ich kann nur und muss ihre Richtigkeit im ganzen Umfang aufrecht erhalten.

Die Wichtigkeit des 2. der obigen Sätze scheint leider den Beobachtern nicht ganz klar geworden zu sein, trotzdem ich in meiner Abhandlung grossen Nachdruck darauf gelegt habe. Möglicher Weise haben sie sich auch gescheut, ihn auszusprechen. In der That lässt sich für eine Methode der Typhusbehandlung auch nicht Grösseres anführen, als dass sie — in meinem Falle freilich mit gewisser Restriktion — fast immer zu einem günstigen Ende führt. Ich für meinen Theil halte die Richtigkeit dieses Ausspruches aufrecht, nachdem ich 26 weitere Typhen zu den früheren beobachtet und gesehen habe, dass sie ohne Ausnahme und, ohne besondere Mühe und Unruhe zu schaffen, günstig geendet haben. Doch wenn die Berichterstatter auch diesen Satz nicht direkt aufstellen, so ergiebt sich doch aus den Berichten selbst die Bestätigung desselben. Sie referiren von Todesfällen; keiner aber, ohne ausdrücklich zu erwähnen, dass die betreffenden Individuen mit verschleppter, weit vorgeschrittener Krankheit in die Behandlung eingetreten seien, in einem Zustande, der von Vorneherein keine Möglichkeit der Rettung zuliess. Daraus ist folgerichtig zu schliessen, dass alle diejenigen, welche frühzeitig in Behandlung kamen, ohne Ausnahme genesen sind — *quod erat demonstrandum.* Der Schwerpunkt des Satzes liegt eben darin, dass die Behandlung von Anfang an geschehen muss, wenn der Erfolg ein sicherer sein soll.

Uebrigens ist den Beobachtern die Wichtigkeit des baldigen Beginns der Behandlung nicht unbekannt geblieben. So sagt Göden (S. 288) ausdrücklich, dass die frühe Aufnahme der im Februar erkrankten Elfe, welche sämmtlich genesen sind, nicht ohne Einfluss auf den Erfolg der Cur geblieben ist. — So macht auch Metzler darauf aufmerksam, dass je früher die Behandlung begonnen wird, desto günstiger die Resultate seien.

Ich selbst bin keineswegs allein durch das Factum, dass Todesfälle in meiner Statistik nicht existiren, dahin gekommen, diesen Satz von unübersehbarer Tragweite aufzustellen, sondern eben so viel Schuld tragen die Untersuchungen und Beobachtungen über das Wesen des Typhusprocesses und sein Verhalten zu der Wirkung des Wassers, die ich im Laufe der Jahre gemacht habe. Indem ich nämlich erkannte, dass von Seite des Typhusgiftes eigentlich nur wenig Gefahr droht, dagegen alle die bekannten mächtigen Erscheinungen des Typhusprozesses auf Rechnung des Fiebers und der Blutzersetzung kommen, — indem ich ferner erkannte, dass in den Exacerbationszeiten hauptsächlich die Krankheit in ihrer Entwicklung fortschreitet und andererseits indem das Experiment mich lehrte, dass Fieber und Blutzersetzung durch sachgemässe Anwendung des Wassers sich niederhalten, die Exacerbationen sich vermeiden lassen, musste die Thatsache, dass bei meiner Behandlung Todesfälle nicht vorkommen, (die an und für sich keinen Werth hat, weil sie mit Recht dem „Zufall" zugeschrieben werden kann), erst eine höhere Bedeutung gewinnen. Unwillkührlich drängt sich hier der Gedanke auf, dass die Methode, indem sie — im Stadium der Entwicklung der Krankheit angewandt — die Einwirkung des Typhusgiftes auf das Blut verhindert resp. abschwächt, die Gefahren vermeiden lässt, welche bei dem ungehinderten Verlaufe des Typhusprozesses so reichlich auftreten, also auch den Ausgang in Tod.

Die Richtigkeit dieser Ansicht kann nur durch massenhaftes, genau beobachtetes Material nachgewiesen werden, aber leider ist es für mich in meiner Stellung schwer, ein solches zu liefern. Um so dankbarer werde und muss ich sein für die Beiträge, welche mir Andere geben werden und bereits gegeben haben. Zu meinem Leidwesen sind dieselben bis jetzt entweder zu allgemein oder zu ungenau gehalten, als dass sie ihren vollen Werth entfalten könnten. Ich weiss z. B., dass mehrere meiner hiesigen Collegen, seit sie ähnlich, wie ich, verfahren, ebenfalls keine Todesfälle mehr zu beklagen haben. So wichtig diese Thatsache auch für mich ist, für die Förderung der allgemeinen Anerkennung ist sie ohne Werth. Was an Zahlen bis jetzt existirt, sind die 44 in der Abhandlung und die 25 heute von mir angeführten Fälle, 82 von Metzler und 27 von Göden beobachtet.

Soll dieser höchst wichtige Satz zu vollständiger Gültigkeit und Anerkennung gelangen, so müssen, weil eine *conditio sine qua non* darin liegt, dass die Behandlung begonnen wird, ehe die Blutzersetzung in höherem Grade sich entwickelt hat, bei der statistischen Zusammenstellung die Fälle, die von Anfang an behandelt sind, von jenen, die erst später in Behandlung kommen, getrennt werden. Denn, wo bewiesen werden soll, dass Blutdissolution sich verhüten lässt, sind Fälle nicht verwendbar, in denen dieselbe schon in Blüthe steht. Ferner lässt es die Billigkeit nicht zu, die von Anderen begangenen Fehler und Unterlassungen dem zu prüfenden Verfahren aufzubürden. Andererseits hiesse es der Wahrheit in's Gesicht schlagen, wenn Fälle zum Beweise der Wirksamkeit des Verfahrens angeführt würden, in denen das Glück oder der Zufall eine Rolle gespielt hat. Eine Statistik, wie sie desshalb z. B. Metzler giebt, (so interessant sie auch sonst ist), fördert die Sache nur wenig. Von 82 Typhuskranken, schreibt er, sind gestorben 9 und zwar

1) Einer an Gehirnentzündung mit eiterigem Exsudat am 3. Tage nach erfolgter Aufnahme;
2) Einer, am Pneumotyphus erkrankt, stirbt am 2. Tage. Hepatisation der Lungen, Verdickung der pia mater und eiteriges Exsudat auf der ganzen Hirnoberfläche;

3) Einer, vor 5 Tagen erkrankt, wird moribundus in das Hospital gebracht, erholt sich bei der Wasserbchandlung, erhält gleichzeitig Campher und Wein (!) und stirbt am 12/7 Tage. Pathologische Produkte und anatomische Veränderungen nicht vorhanden.

4) Ein Knabe stirbt nach 13 Tagen mit deutlichen Zei-chen der Lungentuberkulose. Gleichzeitig Verjauchung der Parotis.

5) Ein Knabe kommt mit einem Krankheitsbild in Be-handlung, das weniger auf Typhus, als auf Cholera oder catarrhalisches Erkranken des Darms deutet. In den ersten Tagen bessert sich der Zustand, am 6. Tage erfolgt der Tod.

6) Ein sehr heruntergekommener Mann, in der 5. Woche des Typhus befindlich, tritt mit profuser Diarrhoe ins Hospital, bessert sich auf die Wasserbehandlung, ver-schlechtert sich auf die Verabreichung von Medika-menten und stirbt 18 Tage nach seiner Aufnahme. Hyperämie des Dickdarms und Geschwüre im Mast-darm.

7) Bei einem schwächlichen Knaben verläuft der Typhus glücklich, bildet sich aber ein Exsudat in der Pleura-höhle. Er stirbt unter den Erscheinungen des hekti-schen Fiebers. Exsudat eitrig.

8) Eine Frau von laxer Constitution stirbt 21 Tage nach der Aufnahme an Lungenhypostase.

9) Ein Knabe wird völlig gelähmt ins Hospital gebracht und stirbt am andern Tage.

Wenn man auch bei allen diesen annehmen wollte, dass sie typhös erkrankt gewesen seien, was offenbar nicht bei allen der Fall ist, wer ist, der die Wasserbehandlung deshalb, weil sie tödlich endeten, beschuldigen wollte, dass sie nicht wirksam sei? oder, wer wollte beweisen, dass, wenn die Fälle 3 und 6 z. B. glücklich geendet hätten, was recht wohl der Fall hätte sein können, nur allein die Wasserbehandlung das Verdienst trägt und nicht noch andere Momente ins Spiel kommen? Dr. Metzler sagt, im richtigen Gefühle, dass eine solche Statistik ihre Mängel hat, l. c. S. 201, dass in allen diesen unglücklich endenden Fällen von Vorneherein meist sofort auf jede Möglichkeit der Rettung habe verzichtet werden müssen. Unter solchen Umständen musste er eben einfach ihre Annahme verweigern. Denn, wenn in bösartigen Epidemieen 10, 20, 30 solcher verlorener Fälle nach einander in's Hospital kommen, was der Zufall leicht fügen kann — was muss der Ausgang der eben unternommenen Prüfung eines Verfahrens werden? Offenbar ein ungerechtes und unrichtiges Urtheil. Ein solches Handeln wäre eben keine genaue, unpartheiische Prüfung, eine solche Statistik ohne Werth.

Die Nothwendigkeit, dass ich auf der Scheidung der von Anfang und der erst später in Behandlung genommenen Fälle mit aller Strenge bestehe, muss Jedem einleuchten. Ich habe nie daran gedacht, mein Verfahren als ein spezifisches hinzustellen, das in allen Stadien der Krankheit sicheren Erfolg giebt, im Gegentheil immer und immer wieder die Restriktion ausgesprochen, die in dem obigen 2. Satze auf das Deutlichste ausgedrückt ist. Mit dem Besitze eines Verfahrens, das den Typhus, wenn es zeitig in Anwendung gebracht wird, ohne Gefahr verlaufen macht, können denke ich, Wissenschaft und Aerzte sich vollständig begnügen.

In Beziehung auf den 3. Satz schreibt Dr. Metzler: „Folgende Fälle beweisen, wie rasch auch schwere Erkrankungen bei der Wasserbehandlung in Genesung übergehen können: ein an Pneumotyphus erkrankter Mann wurde nach 14, ein anderer ebensolcher nach 19 Tagen aus dem Hospital entlassen. Ein Typhus mit bedenklichen Hirnsymptomen, so dass bereits Lähmung des linken Augenliedes und unvollständige Reaktion der Iris gegen Lichtreiz eingetreten war, mit heftigem Kopfschmerz und Erbrechen wurde in 19, ein anderer Typhus cerebralis in 10 Tagen geheilt". Auch Dr. Göden äussert die Freude, dass einige ganz besonders schwer Erkrankte wieder genesen sind (S. 20). Ich selbst bin im Stande, meinen früheren Anführungen die Fälle 3/47, 12/56, 25/69 und 26/70 anzureihen, die nach dem gewöhnlichen Lauf der Dinge hätten unterliegen müssen. Diese Fälle bilden die Glanzpunkte des Verfahrens und gewähren auch hie und da dem Arzte hohe Freude und wahre Befriedigung, wenn es ihm gelungen ist, Hülfe zu schaffen, wo nach aller menschlichen Berechnuug eine solche unmöglich schien. Für den Beobachter haben sie jedoch keinen besonderen Werth, denn Beweiskraft wohnt ihnen in keiner Weise inne.

In Bezug auf den Nachweis der Wirksamkeit des Verfahrens nämlich müssen diese Fälle in zwei Kategorieen geschieden werden. Erstens in solche, die zur Wasserbehandlung kommen, weil der Verlauf überhaupt ein schwerer geworden ist und die Medikamente sich als nutzlos erwiesen haben, zweitens in solche, die in ihrem schweren Verlaufe bis zum erwarteten Eintritt einer todbringenden Katastrophe vorgerückt sind.

Von der ersten Kategorie heilt, wenn die Behandlung mit Vorsicht durchgeführt wird, eine grosse Anzahl, von der letzteren gelingt es hie und da, einen scheinbar unbedingt Verlorenen dem Leben zu erhalten.

Niemals und in keinem der Fälle lässt sich jedoch mit Sicherheit beweisen, dass der glückliche Ausgang der Wirksamkeit des Verfahrens allein zuzuschreiben sei. Einestheils sterben immerhin etliche, anderntheils ist es bekannt, dass auch schwere und schwerste Typhen bei und ohne jede Behandlung noch glücklich enden können — wer vermag zu sagen, wie viel dem Glück, wie viel der Behandlung gut zu schreiben ist?

Desshalb lege ich meiner Behandlung in Bezug auf diese Fälle nur bedingten Werth bei und verwahre mich ausdrücklich gegen die Meinung, dass ich dieselbe überhaupt für jeden Typhus empfehle. Im Gegentheil ich verlange, dass schwere, anomale Fälle nur mit Vorbehalt zur Behandlung genommen werden und solche, welche der Katastrophe sich genähert haben entweder gar nicht, oder dass sie wenigstens bei der Zählung nicht in Berechnung kommen, gleichviel, ob sie günstig geendet haben oder nicht. Leider ist man im Allgemeinen nur zu sehr in dem Wahn befangen, dass die Hydro-

therapie das *ultimum refugium* im Typhus ist, und sind die
Fälle gar nicht selten, wo man zu einem Sterbenden gerufen
wird, noch einen Versuch mit dem Wasser zu machen. Hoffentlich wird meine Schrift dazu beitragen, die Thorheit solcher Meinung festzustellen. Gegen den Tod hilft die Hydrotherapie so wenig, wie jedes andere Mittel.

Die Herren Berichterstatter nehmen hierin nicht ganz
denselben Standpunkt ein, wie ich. Metzler zählt neun Todesfälle auf und erwähnt zugleich, dass bei ihnen von Anfang ab ein anderer Ausgang als der in Tod nicht zu erwarten gewesen sei. Göden fügt der Angabe, dass fünf der
Krankheit erlegen seien, bei, dass drei davon strenge genommen bei Zusammenstellung der Resultate der hydriatischen
Methode nicht mitzählen, weil die Krankheit bei Beginn der
Cur bereits zu weit vorgeschritten war und auch weil die Cur
nicht ganz exakt durgeführt werden konnte.

Mir selbst ist, wie schon erwähnt, keiner gestorben.
Mithin muss ausgesprochen werden, dass von den nach meiner Methode behandelten Kranken nur in Luxemburg 2 tödlich geendet haben. Die Gründe, warum in diesen 2 Fällen
ein ungünstiger Ausgang nicht abgewendet werden konnte,
kann ich natürlich nicht wissen; es lässt sich aber aus den
Anführungen Göden's schliessen, dass bei Beginn der Cur die
Blutdissolution schon im Gange war, mithin die Fälle in den
Bereich des 3. Satzes gehören. — —

Erwägt man schliesslich, dass die Prüfung des Verfahrens
an Orten stattgefunden hat, die durch weite Enfernung getrennt sind, — zu verschiedenen Zeiten und an allen möglichen
Formen des Typhus, und hört man nun, dass das Resultat in
allen Fällen das gleiche gewesen ist, so ergibt sich daraus
der beruhigende Schluss, dass — in dem das Wesen des Typhus
meinem Verfahren gegenüber, wo er auch und wie er auftritt,
immer dasselbe ist und die Form keinen Einfluss äussert auf
den Verlauf — die Behandlung stets und unter den verschiedensten Umständen, in Epidemieen und beim sporadischen Typhus, in jedwedem Lande dieselben guten Erfolge geben
dürfte. Es ist damit die Sorge zerstreut, die ich gehegt habe

und die auch Göden ausspricht, dass nämlich der Typhus an verschiedenen Orten und zu verschiedenen Zeiten eine verschiedene Individualität besitzen und das Verfahren nicht immer ein wirksames sein möchte, ähnlich wie die Beobachtung längst festgestellt hat, dass ein bestimmtes Mittel nicht in verschiedenen Epidemieen gleich wirksam ist.

Bei dieser vollständigen Uebereinstimmung der Berichte wird auch der Ungläubigste fortan meinem Verfahren eine gewisse Beachtung nicht versagen können. Sie wird hoffentlich das Misstrauen zerstreuen, das meinem Verfahren entgegengetragen wird, weil es ein hydriatisches ist. Leider muss ich bekennen, dass dasselbe gerechtfertigt ist, weil die Empfehlung des Wassers als Spezifikum beim Typhus zu oft schon dagewesen und weil seit 2 Jahrzehenten Speculanten sich dieses vortrefflichsten aller Heilmittel zur gewinnsüchtigen Ausbeutung bemächtigt haben. Nach meiner Ueberzeugung gebührt der Hydrotherapie keineswegs eine selbstständige Stellung. Sie ist nicht mehr und nicht weniger als ein integrirender Theil der speziellen Therapie, der bislang brach gelegen hat, aber der höchsten Cultur fähig ist.

Sie wird auch das Misstrauen nicht ferner bestehen lassen, das die scheinbar alles Maass der Möglichkeit überschreitenden Resultate hervorrufen. In Bezug auf sie kann ich wohl ganz ruhig sein. Die Zeit wird lehren, was Wahres an meinen Anführungen ist.

Mein eigener Bericht ist dazu bestimmt, gegen die Ungläubigkeit mit Thatsachen anzukämpfen, das Verfahren durch immer neue Bilder und Beobachtungen zu vervollständigen und zu grösserer Einfachheit fortzubilden, Irrthümer zu verbessern und nachzuweisen, dass seine Ausführung keineswegs schwierig und mühevoll, sondern im Gegentheil einfach und leicht ist.

Da ich annehmen muss, dass nicht Jeder, dem dieser Bericht in die Hand kommt, auch die Abhandlung kennt, halte ich es für zweckmässig, hier noch einmal die mich bei dem Verfahren leitenden Ideen *in nuce* anzuführen. Bemerken muss ich jedoch, dass zur Ausführung des Verfahrens die

Kenntnissnahme der in der Abhaudlung gegebenen Specialitä-
ten unumgänglich uothwendig ist.

Die Annahme, dass der Typhus durch ein bestimmtes,
wenn auch seinen Charakteren nach noch ziemlich unbekann-
tes Gift (Typhusgift) hervorgerufen wird, ist auch von mir
acceptirt. Dasselbe, von Aussen in den Körper gelangt oder
im Organismus selbst gebildet, zersetzt unter gewaltiger Wärmeentwicklung (bis zu 33° R. und darüber) das Blut, — wirkt
lähmend auf das Gehirn und Nervensystem, die Funktionsfähigkeit der Organe fast vernichtend und zu mancherlei
Lokalerkrankungen Veranlassung gebend, — reproducirt sich,
bringt ein spezifisches Produkt zuwege (Typhusprodukt) und
wird nach einer bestimmten Zeit, die 4 Wochen nie über-
schreitet, wieder ausgeschieden, worauf dann der befallen ge-
wesene Organismus gewöhulich für immer gegen ferneres
typhöses Erkranken geschützt ist. Das ist der Verlauf des
eine gewisse Grenze der Intensität nicht überschreitenden, von
Störung frei bleibenden normalen Typhus, der je nach der
Höhe seiner Entwicklung oder nach vorwiegenden Erscheinungen auch Typhoidfieber, Schleimfieber, Nervenfieber, gastrisch-
nervöses Fieber, hitziges Gehirnfieber, Pneumotyphus u. s. w.
genannt wird. Er trägt stets die Tendenz in sich zu heilen.

Zuweilen aber nimmt der Krankheitsprocess einen anomalen Verlauf, indem entweder von Anfang ab die Erscheinungen im Uebermaass sich entwickeln oder das Widerstandsvermögen des befallenen Organismus gegen die gemeinsamen
Angriffe des Giftes und seiner Folgen nicht hinreicht, — oder
der Prozess in Folge der mangelhaften regulirenden Thätigkeit des Gehirns und Nervensystems in sich weiter erkrankt,
— oder die restituirende Thätigkeit des Organismus in zu ge-
ringem Grade waltet, manchmal auch über das richtige Maass
hinausschiesst. Diese letzteren Zustände werden mit „Degeneration des Typhus" benannt. Auf Rechnung des anomalen
Verlaufes und der Degeneration kommt bei Weitem die Mehr-
zahl der Todesfälle.

Von manchen Seiten wird angenommen, dass das Typhusgift nicht immer dasselbe, bald mehr, bald weniger bösartig

ist, und dass hierdurch der Charakter der Epidemieen bestimmt wird. Andre glauben, dass auch die Menge des aufgenommenen Giftes nicht immer die gleiche ist und hierdurch die grössere oder geringere Gefährlichkeit der Erkrankung bedingt werden kann. Beide Annahmen muss ich aus Gründen, die anzuführen ich später Gelegenheit finden werde, bestreiten.

Bei allen Typhen von längerer Dauer — normalen oder anomalen Verlaufs — droht eine besondere Gefahr von Seiten der Blutaufzehrung, welche eine Folge ist der Höhe und langen Dauer des Fiebers und bedeutender Ausscheidungen bei fast vollständig mangelndem Ersatze.

Es handelt sich bei solcher Sachlage um Nichts, als um die Auffindung eines Antidots für das Typhusgift, welches entweder dasselbe direkt vernichtet oder zum Mindesten seine Wirkung, die Blutzersetzung, abschwächt. An Vorschlägen hierzu hat es zu keiner Zeit gefehlt; in der That aber hat keines der angepriesenen Mittel oder Verfahren den Anforderungen entsprochen und konnte es bei der gänzlichen Unbekanntschaft mit den Charakteren des Typhusgiftes auch nicht. Man ist heutzutage ihm gegenüber — so sehr Dieser oder Jener für Aderlass, Brechmittel, Säuren, Chinin oder sonst Etwas schwärmen mag — so machtlos, wie je. Nur ein Medikament giebt es, das, wie es scheint, grösseren Nutzen für die Behandlung des Typhus verspricht. Das ist die Digitalis. Wie man Traube die Kenntniss deren Wirksamkeit und Anwendungsweise bei der Lungenentzündung zu danken hat, so ist man Wunderlich zu Dank verpflichtet, wenn er zeigt, dass dieses Medikament, indem es die Temperatur des Körpers erniedrigt und den Puls verlangsamt, wichtige Dienste bei der Behandlung des Typhus leistet. Ein Spezifikum im Sinne des Wortes ist freilich auch sie nicht. Für mich hat diese Entdeckung Wunderlichs doppeltes Interesse, weil die Behandlung mit Digitalis den Uebergang zu meinem eigenen Verfahren bildet, das im Grunde nichts anderes bezweckt, als durch künstliches Darniederhalten der Temperatur dem Prozesse das Mittel zur Blutzersetzung zu entziehen. Der Unterschied besteht nur darin, dass bei meinem Verfahren Gehirn und Ner-

vensystem vor der Einwirkung des Giftes, des Fiebers und
des zersetzten Blutes geschützt werde und hierdurch die Funktionsfähigkeit der Organe erhalten bleibt.

Bei der Indikationsstellung muss demnach das Typhus-
gift als unangreifbar ausser Betracht bleiben. Dafür tritt die
Aufgabe hervor, sein Walten zu beschränken und seinen Folgen
zu begegnen, mit einem Worte, es unschädlich zu machen.
Wäre dies zu ermöglichen, so sänke die Gefährlichkeit des
Krankheitsprozesses in Nichts zusammen, denn der einfache,
ohne Störung verlaufende Typhus heilt fast immer und die
Ausscheidung des Giftes ist stets mit Sicherheit zu erwarten.

Ehe ich nachweise, dass dieser Aufgabe ohne allzugrosse
Mühe genügt werden kann, muss ich der Bedeutung des Fiebers beim Typhusprozesse eine kurze Betrachtung widmen und,
wer sich die Mühe nehmen will, mir zu folgen, wird zugeben,
dass dieses Verhältniss ein überraschend interessantes ist und
ein Streiflicht auch auf die allgemeine Bedeutung des Fiebers
wirft.

Ein Jeder weiss, dass die Affektion des Gehirns und
Nervensystems in depressiver Richtung zu den ersten und vor-
züglichsten Erscheinungen des Typhusprozesses gehört, so sehr,
dass man sogar Krankheitszustände, welche von solcher Ge-
hirndepression begleitet sind, mit „typhös" zu bezeichnen
pflegt, trotzdem sie mit dem Typhus selbst durchaus Nichts
gemein haben. Bei der Anwendung meines Verfahrens nun,
also bei energischer Bekämpfung des Fiebers, tritt die merkwürdige Thatsache entgegen (die auch Metzler und Göden
erwähnen), dass, wenn die Krankheit noch in der Entwicklung begriffen ist, Gehirn und Nervensystem fast intakt erhalten werden, oder, ist sie schon in ihrer Entwicklung vorgeschritten, dieselben von den Fesseln, die sie gefangen halten,
befreit werden können. Die Krankheitsbilder des Typhus bei
meiner Behandlung sind desshalb von denen bei der gewöhnlichen so total verschieden, dass, wer mit dem Einfluss meines Verfahrens nicht vertraut ist, nothwendig diagnostische
Fehler begehen muss. Daraus geht doch wohl unzweifelhaft
hervor, dass gerade die wichtigsten und gefährlichsten, die

auszeichnendsten Erscheinungen des Typhusprozesses nicht
oder nur zum geringeren Theil auf Rechnung des Typhusgiftes
kommen, sondern mehr dem Fieber und der Blutzersetzung zugeschrieben werden müssen. Besonders ist das erstere in dieser
Beziehung anzuklagen. Es ist eine bekannte Thatsache, dass,
wenn das Fieber im Typhus verhältnissmässig niedrig und
seine Exacerbationen mässig bleiben, Gehirn und Nervensystem
nicht allzusehr erkranken. Aber das ist wohl noch unbekannt,
dass, wenn bei schwerer Erkrankung durch die Anwendung
des Wassers Gehirn und Nervensystem relativ intakt erhalten
sind und durch irgend einen Umstand eine Exacerbation
mangelhaft bekämpft wird, Gehirn und Nervensystem sogleich in so hohem Grade afficirt werden, dass es Mühe
macht, sie wieder in den vorigen relativ normalen Zustand
zurückzuführen. Göden, der dasselbe beobachtet hat, schreibt,
dass er sich zu seinem Leidwesen habe überzeugen müssen,
von welch grossem Nachtheil es ist, auch nur e i n e Exacerbation unbekämpft zu lassen. Unbekannt ist ferner, dass die
Schwere der Erkrankung in Sprüngen sich entwickelt, d. h.
eben gerade in den Exacerbationszeiten. Dies geht ebenfalls
aus jener Beobachtung unzweifelhaft hervor. Wie überhaupt
das Fieber es ist, was bei Krankheiten Gehirn und Nervensystem in Mitleidenschaft zieht, das wird dem, der mit Wasser behandelt, nicht allein beim Typhus, sondern auch bei der
Behandlung anderer fieberhafter Krankheiten klar. Wird das
Fieber nämlich energisch bekämpft, so fallen alle dem Gehirn
und Nervensystem zukommenden Symptome, bis zu dem höchst
lästigen „Gefühl des Krankseins" herab, aus dem Krankheitsbilde hinweg.

Diese Thatsachen dienen dazu, den Charakter des Typhusgiftes in Etwas aufzuhellen. Offenbar ist es im Allgemeinen für sich wenig deletär und im Besonderen dem Gehirn
und Nervensystem nicht gefährlich. Erst durch seine Wirkung
als Ferment auf das Blut werden jene gefährlichen Zustände
hervorgebracht, die dem Typhus eigen sind und ihn auszeich-
nen. Es gleicht hierin dem Choleragifte und dem der Urämie
(*Frerichs*).

Da die Wirkung des Wassers beim Typhus, wie aus den Berichten hervorgeht, dieselbe ist in St. Petersburg, wie in Luxemburg und Stettin; — dieselbe zu verschiedenen Zeiten, — dieselbe beim epidemischen, wie beim sporadischen Erkranken, — dieselbe beim exanthematischen, wie beim abdominalen Typhus, — dieselbe bei der leichtesten, wie bei der schwersten Erkrankung, so muss angenommen werden, dass das Typhusgift immer ein und dasselbe ist und Jene irren, welche durch eine Verschiedenheit der Natur des Giftes die Verschiedenheit der Epidemieen erklären wollen.

In gewissem Sinne ist desshalb obige Darstellung des Typhusverlaufes unrichtig, indem für Wirkung des Typhusgiftes ausgegeben ist, was dem Fieber und der Blutzersetzung zukommt. Da die richtige Darstellung aber von dem bis jetzt Gewöhnlichen allzusehr abweicht, und eine gewaltsame Umänderung nur Verwirrung stiften würde, so mag es, wie geschehen, bleiben, bis es mir gelungen sein wird, Mehrere von der Richtigkeit meiner Ansicht zu überzeugen.

Es geht ferner aus dieser Thatsache hervor, wie unsinnig es ist, Krankheitszustände, die mit Halblähmung des Gehirns und Nervensystems verbunden sind, als „typhös" zu bezeichnen. Wie sollte man dies dürfen, wenn dem Typhus selbst diese Erscheinungen nicht zukommen?

Ein anderer Punkt, der hier besprochen werden muss, ist das Verhältniss des Fiebers zur Blutzersetzung. Das Erstere wird von dem Letzteren bedingt. Aber Beobachtung und Aufmerksamkeit haben mich gelehrt, dass nicht allein das Fieber der Blutzersetzung ihr Entstehen verdankt, sondern dass auch ein wechselseitiges Bedingtsein stattfindet, dass die Blutzersetzung selbst wieder höherer Temperatur zu ihrem Bestehen bedarf. Es steht fest, dass, wenn das Fieber von Anfang ab energisch bekämpft wird, Blutzersetzung in grösserer Ausdehnung durchaus nicht zu Stande kommt. Dafür sprechen: das Freibleiben des Gehirns und Nervensystems, die kurze Dauer des Verlaufes, die schnelle Rekonvalescenz, die geringere Blutaufzehrung, das schnelle Verschwinden und die geringe Entwicklung der Darmerschei-

2*

nungen, die Fortdauer der Funktionirung der Organe, und, was die Hauptsache ist, die Vermeidung der Degeneration des Prozesses. Niemals und unter keinen Umständen ist z. B. Dekubitus bei meinem Verfahren aufgetreten. Erwägt man nun, dass das Verfahren durchaus nicht im Stande ist, auf die Blutzersetzung direkt einzuwirken, was bleibt übrig, als eben die Annahme, dass sich beide wechselseitig bedingen? dass die Blutzersetzung hoher Temperatur zu ihrer Existenz bedarf? dass sie ohne solche nicht bestehen kann, sondern verkümmert?

Hält man diese Anschauungen fest, so ist die Stellung der Indikation sehr erleichtert. Damit das Typhusgift unschädlich gemacht, in seinem Walten beschränkt werde, hat man von Anfang ab mit aller Macht das Fieber und seine Exacerbationen zu bekämpfen. Dann können weder irgend welche Erscheinungen im Uebermaass sich entwickeln, noch wird das Widerstandsvermögen des Organismus zu gering sein, noch wird der Prozess in sich weiter erkranken, noch wird es je zur Degeneration und — zu Todesfällen kommen, im Gegentheil geschieht die Bekämpfung des Fiebers von Anfang ab mit der nöthigen Energie, so wird das Freibleiben des Gehirns und Nervensystems, die geringe Entwicklung der Bluterkrankung, die Fortdauer der Funktion der Organe, die geringe Blutaufzehrung — eine Folge des Ausbleibens der sonst gewöhnlichen Ausscheidungen bei fortdauerndem, wenn auch vermindertem Ersatze — gestatten, die Erkrankung einem schnellen Ende ohne jede Gefahr für den Organismus zuzuführen.

Dass die Aufgabe in solcher Weise richtig aufgefasst ist, und dass es wirklich möglich ist, das Walten des Typhusgiftes zu beschränken und unschädlich zu machen, habe ich in der Abhandlung selbst nachgewiesen und es wird auch dies Mal wieder geschehen. Auf keine andere Weise lässt sich die Abweichung der Krankheitsbilder bei meiner Methode von denen bei der Behandlung mit Medikamenten erklären, auf keine andere Weise die Erscheinungen von Seite der Ausscheidungsorgane, die veränderten kritischen Bestrebungen, die

Abkürzung der Dauer, der Mangel an Todesfällen, dessen ich wenigstens mich zu erfreuen habe. In der Abhandlung habe ich dem Leser den Unterschied der Bilder und der Erscheinungen weitläufig angeführt; hier ihn zu wiederholen, dürfte zu weit führen. Es muss jedoch von Jedem, der meine Methode in Anwendung bringen und vor Fehlern sicher sein will, verlangt werden, dass er sich damit vollständig vertraut macht.

Niemanden wird es nach diesem Vortrage mehr wundern, warum ich immer und immer wieder Nachdruck darauf lege, dass das Fieber von Anfang ab nach meiner Methode bekämpft werde. Hat das Typhusgift erst begonnen, seine Einwirkung auf das Blut zu äussern, ist die Blutzersetzung schon im Gange, so ist die Indikation nicht mehr so einfach, und die Möglichkeit, ihr vollständig und sicher zu genügen, nicht mehr vorhanden. Wenn die Bekämpfung des Fiebers auch dann noch obenan steht, so machen doch die Gehirnaffektion, das Darniederliegen der Funktionsthätigkeit der Organe, manchfache Lokalerkrankungen, die Blutaufzehrung und übergrosse Schwäche noch besondere Anforderungen, denen zu genügen — man nicht immer im Stande ist.

Die Bekämpfung des Fiebers und die Verhütung seiner Exacerbationen ist nicht allein möglich, sondern auch ohne besondere Anstrengungen zu erreichen. Neben den allgemeinen Erscheinungen zeigt dies das Thermometer unwiderleglich und jeder Einzelne, der sich die Mühe nehmen will, wenige Fälle nach meiner Methode zu behandeln, kann sich leicht davon überzeugen. Die Körpertemperatur erreicht bei meinem Verfahren überhaupt nicht die sonst gewöhnliche Höhe und wird nach jeder Applikation des Wassers um 1—2,5° R. erniedrigt. Frühzeitig kehrt die Temperatur zum Normalen zurück, ja sinkt sogar manchmal unter dasselbe herab. Der Puls erreicht keine besondere Höhe. Nach jedem Bade nimmt die Pulszahl um einige Schläge ab und gewöhnlich wird sie schon normal, wenn andere Symptome der Krankheit noch in voller Blüthe stehen. Hitzegefühl und Durst, Trockenwerden der Lippen, Zähne und Zunge sind bei meinem Verfahren ungekannte Erscheinungen. Gehirn und Nervensystem bleiben intakt und an Stelle der sonst gewöhnlichen Aufregung und Betäubung tritt ruhiger, erquickender Schlaf. Der mit Wasser behandelte Typhuskranke pflegt drei Viertheile der Erkrankungszeit zu verschlafen, gewiss die angenehmste Manier, über eine sonst so schwere Erkrankung hinweg zu kommen.

Solche grossartige und vollkommene Wirkung zu erreichen, ist jedoch die genaue Bekanntschaft mit den Eigenthümlichkeiten des Fiebers im Typhus unbedingt nöthig. Die Thermometrie lehrt, dass dasselbe bei an und für sich bedeutender Höhe noch täglich mehrere Exacerbationen (Hauptexacerbation) mit den entsprechenden Remissionen macht. Gewöhnlich sind es deren zwei, häufig aber auch drei und selbst vier, die meist regelmässig bis auf die Stunde eintreten, oft aber auch sich nicht an Ordnung binden. Es kommt selbst vor, dass die Zahl der Exacerbationen nicht alle Tage die gleiche ist, während heute deren vier erscheinen, sind es morgen vielleicht nur drei oder zwei. Ebenso wenig ist die Intensität derselben immer die gleiche, bald treten sie stürmischer, bald milder auf. Allmählich nehmen sie an Intensität und an Zahl ab und verschwinden mit dem Eintritt der Rekonvalescenz vollständig.

Bei der Wasserbehandlung beobachtet man neben dieser von mir Hauptexacerbation genannten Verschlimmerung eine Temperaturzunahme früher oder später nach jedem Bade, die, wenn sie schnell geschieht, das Aussehen einer Exacerbation annimmt, im Grunde aber nichts Anderes ist, als die rasche Rückkehr zu der sein sollenden Temperatur. Meist ist mangelhaftes Verfahren daran Schuld, oder ein zu später Eingriff (bei schon entwickelter Exacerbation), häufig aber existiren innere Veranlassungen. Diese Temperaturzunahme, die in ihren Folgen nicht weniger bedeutungsvoll ist, wie die eigentliche Exacerbation, habe ich mit Nebenexacerbation bezeichnet. Beide äussern denselben lähmenden Einfluss auf Gehirn und Nervensystem; nach Beiden tritt, wenn sie unvollständig bekämpft werden, eine Verschlimmerung der Krankheit, ein sichtbares Fortschreiten in der Intensität der Symptome auf.

Eine merkwürdige Erscheinung ist die übergrosse Empfindlichkeit des Nervensystems während und auf der Höhe der Exacerbation. Vor derselben fühlt der Kranke das Baden wenigstens nicht unangenehm, bei entwickelter Exacerbation dagegen ist es ihm vollständig schmerzhaft und bewirkt leicht nervöse Erschütterungen, die in ihrem Äusseren dem Froste gleichen.

Der Eintritt jeglicher Exacerbation lässt sich mittelst des Thermometers nachweisen, doch bedarf man glücklicher Weise desselben nicht unbedingt, um sich von dem Vorgange zu unterrichten. Ein für Jeden leicht erkennbares, nie trügendes Zeichen des Beginns der Exacerbation ist das Auftreten der Röthung einer oder seltener beider Wangen. Bei der Wichtigkeit, die das Bekanntsein mit den Exacerbationszeiten für den ganzen Verlauf hat, ist dies Zeichen vom höchsten Werthe, um so mehr, da das dienende Personal leicht mit seiner Bedeutung vertraut gemacht werden kann.

Jedem Einzelnen wird es hiernach klar sein, dass ein solches Fieber durch einfache Abkühlung sich nicht beseitigen lässt. Einzelne kühle Bäder, Waschungen, Umschläge u. dgl. machen nicht den geringsten nachhaltigen Eindruck und haben auf seine Gestaltung durchaus keinen Einfluss. Solcher Mächtigkeit muss ebenbürtige Energie gegenüber gestellt werden. Ausgiebige Wärmeentziehung im Anfang der Behandlung, continuirliche Wegnahme der neugebildeten Wärme und Verhinderung übermässiger Wärmeproduction durch den ganzen Verlauf, gewissenhafte Verhütung oder energische Bekämpfung der Exacerbationen sind nöthig, um die Mächtigkeit des Fiebers im Typhus zu brechen. Dies kann geschehen durch die Combination der wärmeentziehenden mit der belebenden Methode.

So schwierig es wäre, dieser Aufgabe mit Medikamenten zu genügen, so verhältnissmässig leicht ist es, dies auf hydriatischem Wege zu bewirken, ja man ist hierbei nicht einmal an eine bestimmte Form gebunden, sondern im Stande, den Verhältnissen Rechnung zu tragen und mit Verschiedenem zum Ziele zu kommen. Im Allgemeinen hat sich mir herausge-

stellt, dass die s. g. Halbbäder mit Begiessungen, Waschungen
und Umschlägen die zweckmässigste und, wo es angeht,
stets zu wählende Form sind, indem sie, leicht ausführbar, je
nach dem Bedürfnisse einen mehr oder weniger energischen
Eingriff möglich machen und raschen und sichern Erfolg geben.
Ebenso gut kann man aber auch mit nassen Abreibungen,
Vollbädern u. s. w. zum Ziele kommen. Wählt man die Abreibungen zur Wärmeentziehung, so hängt es von der Dauer
der Prozedur, der Zahl der verwandten Tücher, der geringeren oder reichlicheren Nässe und der Temperatur des verwandten Wassers ab, wie viel Wärme weggenommen wird.
Je nach dem Bedürfnisse wird man kühleres Wasser bis zu
8^0 R. herab, 1—2—3 Lacken hintereinander verwenden und
darauf sehen, dass sie triefend nass gelassen werden. Hüllt
man den Kranken vollständig in das Tuch ein und hütet man
sich vor zu gewaltsamem Frottiren, befleissigt man sich im
Gegentheil einer gewissen Zartheit, eingedenk, dass es sich
mehr um Abkühlung wie um Reizung der Haut handelt und
begiesst man dazwischen den Kopf öfter mit einem Topf recht
kalten Wassers (8^0 R.), so wird diese Badeform zu einer für
den Kranken recht angenehmen und nicht weniger wirksamen,
wie selbst das Halbbad.

Machen gewisse Umstände das Vollbad nothwendig, so
kann auch auf diese höchst milde Weise hinreichend Wärme
entzogen werden, erstens durch entsprechend lange Dauer,
zweitens durch dem Kranken unmerkbares Abkühlen des Badewassers vermittelst allmählichen Zugiessens von kühlerem
Wasser. Da man zum Begiessen im Vollbade meist grössere
Mengen Wassers benutzt, so sinkt auch hierdurch schon die
Temperatur des Badewassers.

Mag man aber anwenden, was man will, das Eine muss
für alle Fälle festgehalten werden, dass das vorge-
steckte Ziel erreicht werden muss unter allen Umständen. Geschieht es nicht, bleibt die Körpertemperatur zu
hoch, Gehirn und Nervensystem afficirt, unfrei, so ist die
Behandlung eine fehlerhafte zu nennen und wird einen Nutzen
nicht gewähren.

Zur energischen Wärmeentziehung beim Beginn der Behandlung habe ich früher das Halbbad verwandt, jetzt benutze ich lieber die nassen Einpackungen, die so oft gewechselt werden, als der Körper sich erwärmt und so lange, bis Frost eintritt. Bei sehr stürmischem Fieber werden den verschiedenen Einpackungen auch noch nasse Abreibungen interponirt. In der letzten Einpackung bleibt der Kranke eine Stunde liegen und wird zum Schlusse im Halbbade begossen (Temp. 23, 18 und 8° R.). Auf solche Weise wird zur grossen Annehmlichkeit des Kranken eine gewaltige Wärmeentziehung und grosse Umstimmung hervorgebracht, die auf den Verlauf nicht ohne Einfluss bleibt. Das ist die einzige Gelegenheit zur nützlichen Verwendung der nassen Einpackungen; im spätern Verlaufe sind sie ganz nutzlos. Diese Methode der Wärmeentziehung, so vortheilhaft sie im Allgemeinen und besonders in den Fällen ist, die mit gewaltigem Fiebersturm beginnen, ist jedoch zum Gelingen der Kur nicht unbedingt nöthig. Das lange Halbbad leistet im Allgemeinen ebenso viel, als irgend gewünscht werden kann.

Nach dieser energischen Wärmeentziehung darf der Körper niemals wieder eine so bedeutende Temperaturerhöhung bekommen, als vor ihr bestanden hat. Zu dem Endzweck werden die Exacerbationen, mögen sie am Tage oder des Nachts auftreten, mittelst der Begiessung im Halbbade, in entsprechender Temperatur und Dauer unmittelbar vor oder bei ihrem Beginn ausgeführt, verhütet oder bekämpft, wird die zurückkehrende und überschüssige Wärme durch Abwaschungen und häufigen Wechsel einer die Brust und den Leib bedeckenden Kompresse weggenommen.

Nach einem längere oder kürzere Zeit dauernden, interessanten Kampfe lässt das Fieber allmählich nach, die Nebenexacerbationen cessiren zuerst, dann folgt eine Abnahme der Hauptexacerbationen an Zahl und Intensität, bis endlich mit dem Eintreten kritischer Erscheinungen die Rekonvalescenz und überraschend schnell die Genesung eintritt. Mit dem Nachlass des Fiebers wird die Behandlung eine mildere, die Zahl der Bäder eine geringere und die Temperatur derselben eine höhere; mit Eintritt der Genesung schliesst auch die Behandlung. —

In der Abhandlung habe ich ein Schema angegeben, nach dem ich im Allgemeinen behandelt wissen will. Es könnte desshalb überflüssig erscheinen, dass man einem solchen auch hier wieder begegnet, allein Erfahrungen ganz eigenthümlicher Art zwingen mich, Raum und Zeit nicht zu sparen und dasselbe hier noch einmal anzuführen. Ich erwähne jedoch ausdrücklich, dass das Folgende nicht mehr und nicht weniger sein soll, als ein Schema, ein ganz allgemeiner Anhalt für die Behandlung und nimmermehr die Behandlung für jeden einzelnen Fall selbst. Wie bei jedem Heilverfahren der Individualität des Erkrankten Rechnung getragen werden muss, so ist dies auch bei der Hydrotherapie des Typhus der Fall, ja in noch höherem Grade, weil Behandlungsfehler bei ihr sich schwerer rächen, als bei anderen Verfahrungsweisen. Jedem einzelnen Arzte bleibt es überlassen, so viel oder so wenig von ihm zu benutzen als ihm für den speziellen Fall dienlich erscheint, die nöthigen Modifikationen *cum grano salis* eintreten zu lassen.

Die Grundbedingungen zur erspriesslichen Behandlung des Typhus — frische, kühle Luft, häufiger Genuss gesunden Trinkwassers, nahrhafte flüssige Nahrung, nach Niederwerfung des Fiebers Wein, gute Pflege —, über deren hohe Wichtigkeit und Anwendungsweise ich mich in der Abhandlung weitläufig verbreitet habe, dürfen niemals und in keiner Weise vermisst werden.

Grassirt eine Typhusepidemie, so ist das Auftreten allgemeiner Erkrankung stets von Bedeutung, da man niemals wissen kann, ob aus ihr Typhus hervorgeht oder ein Leiden geringerer Gattung und es doch darauf ankommt, schon die Anfänge des Typhus zu bekämpfen. Demgemäss ist bei jeder solcher allgemeinen Erkrankung zu verfahren, als ob man es mit Typhus zu thun habe, freilich ohne sich nachher rühmen zu dürfen, dass man so und so viele Typhen coupirt habe. Dieser Grundsatz gilt wie für die Privat-, so auch für die Militärpraxis. Die Vorsicht erfordert sogar, in Epidemieen die

Mannschaft auf den Nachtheil aufmerksam zu machen, den das Verheimlichen, das Verschleppen der Krankheit im Gefolge führt. Leider wird es nicht viel helfen, denn meist ist die Gleichgültigkeit unglaublich gross oder die Furcht vor dem Lazareth so stark, dass alles Ermahnen nichts fruchtet. Dann bleibt nichts übrig, als eine strenge Controle und zwar ebensowohl der älteren Leute, wie der Rekruten. Göden erwähnt ausdrücklich, dass die ersteren zu spät und mit hochentwickelter Krankheit ins Lazareth gebracht worden seien. Glücklicher Weise ist es nicht schwer, die Anwesenheit einer allgemeinen Erkrankung zu erkennen; die Haltung, das Aussehen geben Anhalt genug. Ja selbst für die Erkennung der wahrscheinlichen Existenz eines Typhus existirt ein Zeichen, auf das aufmerksam zu machen ich mir erlaube. Hat sich nämlich der Typhus in einem Jndividuum etablirt, so zeigt dieses nicht allein bei schlaffer Haltung ein blasses Gesicht und schläfrigen Ausdruck um die Augen, sondern jede auch noch so geringe Anstrengung, selbst eine ungewöhnliche Frage, ja ein scharfer Blick des Arztes jagt ihm eine dunkle Röthe in die Wangen, die schnell wieder der früheren Blässe Platz macht — ganz das Verhalten, wie man es bei chlorotischen Mädchen beobachtet. Man wird diese Erscheinung in jedem Falle von Typhus wieder finden und gut thun, solche Jndividuen bei Zeiten genauer Beobachtung zu unterwerfen.

Während der Typhusepidemie ist den oben ausgesprochenen Grundsätzen gemäss gegen solch allgemeines Unwohlsein mit aller Energie einzuschreiten; ausserhalb derselben wäre es freilich ebenso nöthig, aber die Diagnose ist zu schwierig, als dass man in allen Fällen rechtzeitig das Richtige treffen könnte. Jch behandle diese Allgemeinerkrankung am liebsten mit Wasser; schon weil es, vielleicht mit Ausnahme des Calomel, in der *Materia medica* kein entsprechendes Hülfsmittel gibt. Alle, die meinen Jdeen Beachtung schenken und sie prüfen, werden mir beistimmen, dass frühzeitiges und energisches Einschreiten grossen Nutzen gewährt, dass man sich damit viel Mühe und Sorgen erspart. Zudem ist die Behandlung leicht auszuführen sowohl in der Privat-, wie in der Hospitalpraxis.

Es handelt sich um Umstimmung und Niederwerfung des jetz beginnenden oder schon entwickelten Fiebers. Die dreimalige Anwendung des Wassers (Morgens, Nachm. 4 Uhr und Abends 8 — 9 Uhr) pro Tag genügt, die Form der Anwendung ist gleichgültig, wenn nur gehörig gekühlt und Reaktion hervorgerufen wird. Für Privatverhältnisse empfiehlt sich die Abreibung mit Begiessung des Kopfes, für Hospitäler dasselbe oder das Regenbad, das sich der Kranke selber geben kann. Auf dem Leibe lässt man eine nasse Compresse, gut mit Flanell bedeckt, tragen und sie nach jeder Prozedur wechseln. Dabei schmale Kost, Aufenthalt in freier Luft, angemessene Bewegung, häufiger Genuss frischen Wassers und selbst entsprechende Zerstreuung. Etwaige kritische Erscheinungen (Schlaf, Schweiss etc.) fordern den Aufenthalt im Bett.

Ist es nicht möglich, oder will man (leider!) nicht so verfahren, so muss der Kranke in's Bett verwiesen und Calomel in grossen Dosen gereicht werden. Nimmermehr dürfen Brech- und Abführmittel Verwendung finden; eher noch mag man mit der indifferenten Behandlung der Wiener Schule sich begnügen.

Entwickelt sich der Typhus trotz der bisherigen Behandlung oder ist er schon entwickelt, wenn er zur Behandlung kommt, so hat man unverzüglich zu Begiessungen zu schreiten, nachdem jene energische Wärmeentziehung stattgefunden hat, deren ich oben gedacht habe. Bei fetten Personen, bei Solchen, die dem Bacchus fröhnen und in bösartigen Epidemieen, überhaupt in allen Fällen, ist dies der Zeitpunkt, von dessen Beachtung das Gelingen der Behandlung abhängt. Wird jetzt das Fieber nicht vollständig bekämpft und dadurch die Blutzersetzung vermieden, später geschieht es ganz gewiss nicht, ist es unmöglich.

Zu dem Endzweck bringt man den Kranken, nachdem den Vorbedingungen genügt ist, am Bessten Nachmittags gegen 4 Uhr entweder in die nasse Einpackung oder in's

Halbbad. Wählt man die erstere, so richtet man sich dazu zwei Betten, um den Wechsel entsprechend rasch vornehmen zu können. Nach 10 Minuten schon dürfte die Wärme zurückgekehrt sein; man entfernt desshalb die Hüllen, reibt den Kranken mit dem bereit gehaltenen nassen Lacken ab oder bringt ihn auch ohne dies in die zweite Einpackung, in welcher er etwa 15 Minuten verweilt. So wechselt man so oft, nachdem man ihn in jedem neuen Lacken hat 5 Minuten länger iegen lassen, bis endlich bei einem Wechsel wirklicher Frost eintritt. In dieser Einpackung bleibt er eine Stunde, dann wird er herausgenommen, in das Halbbad von 23° gebracht, mit kaltem Wasser (8°) 3 Minuten in Absätzen begossen und frottirt. Zieht man dagegen das Halbbad vor, so wird verfahren, wie in der Abhandlung auf das Genaueste angegeben ist, mit dem einzigen Unterschiede, dass, was dort vergessen ist zu sagen, bis zum Eintritt von Frost gebadet werden muss. Nach Beendigung des Bades wird der Kranke unabgetrocknet in das sorgfältig zubereitete Bett zurückgebracht, die Füsse in eine wollene Decke gehüllt (im Nothfall durch eine Wärmflasche erwärmt!), Brust und Leib mit einer nassen, flanellbedeckten Kompresse belegt und, nachdem zum Trinken gereicht ist, vollständiger Ruhe überlassen, in welcher er nicht gestört werden darf. Erst wenn die Hitze zurückzukehren anfängt, muss diese durch häufigen (alle Viertelstunden) Wechsel der Umschläge, durch Waschungen des Rückens, der Beine und des Gesichts und häufiges Wassertrinken möglichst zurückgehalten werden. Als Diät wird des Morgens gewärmte Milch oder Kaffee, des Mittags Fleischbrühe, des Abends Milch oder Wassersuppe verordnet.

Nach 3—4 Stunden kehren die Unruhe und die Röthung der Wange, die auf das Bad gewöhnlich verschwinden, wieder zurück. Untersucht man mittelst des Thermometers, so findet man, dass die Temperatur nahezu so hoch ist, wie vor dem Bade; auch der Puls hat dann wieder die frühere Höhe längst erreicht. Man beeilt sich desshalb, eine neue Begiessung zu verabreichen. Um der Annehmlichkeit für den Kranken

willen gebe ich sie jetzt immer im Halbbade von 23—18⁰ R.
Die Zeitdauer beträgt 3 bis 5 Minuten, selten länger; die
Temperatur des Begiessungswassers abnehmend von 14 bis
zu 8⁰ R.

Jeder neuen Zunahme (Exacerbation) ist so eine Begiessung entgegenzusetzen, gleichviel ob es Tag oder Nacht ist.
Bald — nach einigen Prozeduren oder Tagen — lässt sich
ein Unterschied in der Mächtigkeit der Exacerbationen erkennen (Haupt- und Nebenexacerbation), und zeigt es sich, dass
man zur Bekämpfung der Nebenexacerbationen geringerer
Energie bedarf. Es gilt desshalb als Regel, dass zur Zeit
der Hauptexacerbation die Abkühlung des Kranken bedeutender sein muss, als bei der Nebenexacerbation, dass also die
Temperatur des Wassers tiefer (8⁰) und die Dauer des Bades
länger zu sein hat (5 Min.). Für die Nebenexacerbationen
reichen 3 Minuten und 10—12⁰ R. hin. Man bemerkt, dass
zum Unterschied von den in der Abhandlung gemachten Angaben die Badezeit hier kürzer, die Temperatur des Wassers
niedriger genommen ist. Die niedrigen Temperaturen werden
im Anfang der Erkrankung recht gut vertragen und haben
sich mir neuerdings ebenso nützlich erwiesen, als sich stets
herausgestellt hat, dass sie im späteren Verlauf nachtheilig
und selbst gefährlich sind. Mit dem Verschwinden der Nebenexacerbationen und dem Deutlicherwerden der Remissionen
geht die I. Periode, die ich die Klärungsperiode nennen
möchte, zu Ende. Von nun ab erscheinen die Krankheitszu-
nahmen regelmässiger und seltener, dadurch wird die Behandlung müheloser und einfacher. So viel Exacerbationen
erscheinen, so viel Begiessungen sind zu machen,
gewöhnlich 2—4 täglich. Die Zeitdauer und Temperatur
der Bäder bleiben dieselben (II. Periode). Mit dem Nachlass
der Mächtigkeit und Zahl der Exacerbationen, dem Klarwerden
und der Zunahme des Urins an Menge, der Wiederkehr der Kräfte
stellt sich endlich die III. Periode, die Besserung, ein. Die
Temperatur der Bäder hat nun höher (25 und 18⁰), die Dauer
kürzer (2 Minuten) zu werden, die Kompressen kleiner, ihr
Wechsel seltener, die Waschungen fallen weg, während die

Diät ziemlich rasch an Nahrhaftigkeit zuzunehmen hat, wenn auch immer noch in flüssiger Form zu reichen ist. Jetzt ist auch Wein, besonders der Ungarwein, gut am Platze. Der Kranke verlässt sogleich das Bett und wird, wenn die Witterung es irgend gestattet d. h. wenn es nicht regnet, schneit oder stürmt, Kälte ist kein Hinderniss, ins Freie gebracht. Dort wird er anfänglich herumgeführt, am 2. oder 3. Tage schon bedarf er keiner Unterstützung mehr. Herumsitzen oder Liegen dulde ich nicht; entweder muss er gehen oder im Bette liegen. Selbstverständlich nimmt die Zeit des Aufenthalts im Freien täglich zu, die im Bette ab. Man reducirt das Baden auf ein Mal täglich, gibt vielleicht anstatt des Halbbades eine nasse Abreibung, weil diese weniger Mühe macht, und lässt auch sie mit dem Eintritt der Genesung weg. Nach dem Ablauf sehr schwerer Typhen, bei schwächlichen Personen, bei Frauen und Kindern eignet sich in der III. Periode das warme Vollbad ganz vortrefflich. Erlauben die Umstände seine tägliche Anwendung, so ziehe ich es allen andern Anwendungsformen vor. — In manchen Fällen kommen die drei Perioden so nahe zusammen zu liegen, ist der Verlauf ein so rascher, dass man an Coupiren des Prozesses denken kann. Diese Fälle fordern, vorausgesetzt, dass es wirklich veritable Typhen gewesen sind, zur Vorsicht auf, indem die Krankheit latent verlaufen kann und man vor dem plötzlichen Eintritt schwerer Symptome nicht sicher ist (vergl. Fall 34 meiner Abhandlung). Nur, wenn das Thermometer um die 4. Nachmittagsstunde keine Temperaturzunahme mehr erkennen lässt, mag man auf Fortsetzung der Behandlung verzichten und die Vollendung der Rekonvalescenz aussprechen. —

Kommt der Typhus frühzeitig zur Behandlung, so wird der Verlauf stets der oben geschilderte sein. Mir wenigstens ist eine Ausnahme niemals vorgekommen. Die Zahl dieser rechtzeitig in Behandlung kommenden Fälle ist aber leider nicht die überwiegende, meist ist der Typhus in seiner Entwicklung schon vorgerückt, wenn man ihn zu sehen bekommt. Wenn nun auch das Schema auf ihn seine Anwendung findet, so ist es doch nicht so leicht, das Resultat in solcher Vollkommenheit und ohne jede Sorge zu erreichen. Nicht unselten kostet es sogar schweren Kampf, bis alle Gefahr beseitigt ist. Hierbei gelten bestimmte, von den bis jetzt gewöhnlichen Maximen abweichende Regeln, ohne deren Kenntniss man leicht in Verlegenheit kommen kann. Zu dem, was ich darüber in der Abhandlung bemerkt habe, füge ich heute Folgendes hinzu. Jeder schon zu grösserer Schwere entwickelte Typhus darf nicht ohne Weiteres mit den eingreifenden Halbbädern behandelt, sondern muss erst durch Begiessungen im warmen Vollbade für sie vorbereitet werden. Die bestehende Alteration des Nervensystems gestattet die mit dem Halbbade verbundene Erschütterung durchaus nicht. Anstatt dass Ruhe und Schlaf der Prozedur folgt, wie es sein soll, tritt bei solch unvorsichtiger und übereilter Anwendung des Wassers grössere Unruhe, Aufregung, Schlaflosigkeit, ja selbst eine wirkliche allgemeine Verschlimmerung ein. Der Zustand des Nervensystems im Typhus und sein Verhalten gegen äussere Reize ist ein eigenthümlicher durch und durch. Während alle übrigen Organe des Körpers an Empfindlichkeit verloren haben, ist sie beim Gehirn und Nervensystem übermässig gesteigert, daher die Neigung zu Zuckungen, Krämpfen etc. auf geringe Veranlassung hin. Das muss bei der Wasserbehandlung stets im Auge behalten werden, am meisten aber dann, wenn der schon schwere Typhus trotz der Wasserbehandlung in seiner Entwicklung noch fortschreitet. Während die Zunahme der Erscheinungen bei gewöhnlicher (exspektativer) Behandlung zu grösserer Energie und intensiverem Einschreiten auffordert, ist eine Steigerung der Wasserbehandlung durch häufigeres und kälteres Baden ein schwerer Fehler und ein ungünstiger Ausgang die Folge. Hier gilt einzig und allein die Maxime, dass je schwerer der Typhus wird, desto milder die Behandlung sein, sich einzig und allein auf die vorsichtigeBekämpfung resp. Verhütung der Exacerbationen beschränken muss. Ich gebe zu, dass dieser Grundsatz dem Gefühle manches Arztes widerstreben mag, denn „Viel hilft ja Viel", und dass die Situation meist unbehaglich genug ist, um zu extraordinairen Anstrengungen einzuladen, vielfältige Erfahrung aber hat mich gelehrt, dass Vorsicht und Milde in gefährlichen Momenten viel besser am Platze sind, als aussergewöhnliche Energie. —

Indem ich dieses Behandlungsschema niederschreibe, habe ich allerdings den normalen Typhus im Sinn, der entweder schon schwer ist oder ein schwerer zu werden verspricht. Dieser muss in solcher Weise behandelt werden, wenn man über den Ausgang ohne Besorgniss sein will. Es kommen aber eine Menge Typhen leichterer Gattung zur Beobachtung, die, wie ich recht wohl weiss, einer solchen energischen Behandlung behufs günstigen Ausganges nicht bedürfen, die, weil sie von selbst heilen, überhaupt ärztliches Einschreiten überflüssig erscheinen lassen. Wer ist aber, der ein Zeichen kennt, aus dem man im Anfang des beginnenden Typhus mit Sicherheit schliessen kann, dass der Verlauf ein leichter sein werde? Wer weiss nicht, dass scheinbar leichte Typhen plötzlich zum schweren Verlaufe umschlagen?

Aus diesem Grunde behandle ich alle Typhen im Beginn gleich energisch und fordere von Allen, die meine Methode acceptiren, das Gleiche, damit man des Vortheils nicht verlustig gehe, den energische Bekämpfung im Anfang bietet und der in späterer Zeit durch viel grössere Mühe nicht gleich vollständig und gleich sicher sich erreichen lässt. Stellt sich nach wenigen Tagen heraus, dass der Verlauf ein leichter sein wird, so kann man *cum grano salis* das Verfahren leicht modificiren. Niemals aber wird man es bereuen, so verfahren zu sein, denn mindestens wird man auch in leichten Fällen einen viel rascheren Verlauf, wie gewöhnlich, erzielt haben. Die Behandlung mag in manchen Fällen nicht nöthig sein, nützlich ist sie immer. —

Zur Abhandlung bemerke ich hier, dass ich unter Eimer ein Gefäss verstanden wissen will, welches gegen 20 Quart (Mass) Flüssigkeit aufnehmen kann.

* * *

Göden hat die Güte gehabt, zu meinen Anführungen einige Bemerkungen zu machen. Dankbar für alles von ihm Gegebene, wie ich bin, fühle ich mich verpflichtet, näher darauf einzugehen.

Jch habe unter Anderem das Verfahren als angenehm
für den Kranken gerühmt, *Göden* aber bezeichnet es direkt
als unangenehm für denselben wegen des häufigeu Eintrittes von
Frost nach den Bädern, der den Kranken eine wahre Furcht
vor ihnen einflösse. Gewissermassen hat G. hierin Recht, denn
der Frost ist nicht allein für den Kranken, sondern auch für
den Arzt eine sehr unbehagliche Erscheinung; nur das ist
nicht ganz richtig, dass der Frost häufig eintritt. Derselbe
darf nimmermehr Regel sein, höchstens mag er hie und da
als Ausnahme vorkommen und muss mit allen möglichen
Mitteln verhütet werden. Er pflegt zu entstehen: erstens,
wenn zu lange und zu kühl gebadet wird; zweitens, wenn
mit dem Bade zu lange gezögert, die Exacerbation schon in vollem Gange ist; drittens, wenn die Blutzersetzung beim Beginn
der Behandlung schon grosse Fortschritte gemacht hat. In
den beiden letzteren Fällen vermag, wie auch Göden bemerkt,
unter Umständen selbst das warme Vollbad Frost hervorzu-
rufen, aber das Bild dieses Frostes ist von dem wirklichen
Frieren in Folge zu bedeutender Abkühlung verschieden, ist
mehr eine krampfartige Erschütterung bei hoher Temperatur
des Körpers, *sit venia verbo* ein Nervenfrost zu nennen, ohne
dass er desshalb milder erschiene, wie wirkliches Frieren.
Im Gegentheil, gerade er dürfte G. zu obigem Ausspruch veranlasst haben. Weiss man dies Alles, so ist es in der That
nicht schwer, dem Entstehen des Frostes aus dem Wege zu
gehen. Man wird die Temperatur und Dauer der Bäder der
Individualität des Falles besser anpassen und anordnen, dass
vor dem Beginn der Exacerbation gebadet wird — dadurch
allein wird häufiges Eintreten von Frost vermieden werden.
Wo vorgeschrittene Blutalteration zu Grunde liegt, kann nur
das mildeste Verfahren, das an und für sich allein hier nur
angemessen ist, auch über diese unliebe Erscheinung hinweg-
führen. Sie ist überhaupt ein Grund mehr, hinreichend frühzeitig
mit der Kur zu beginnen und es nicht erst zur Blutdissolution
kommen zu lassen; — zur Verwerfung der Maxime, erst ab-
zuwarten, ob die Medikamente helfen oder nicht und dann
erst mit der Wasserbehandlung zu beginnen. Alle Kranken,

welche von Anfang ab behandelt werden, rühmen das Baden als angenehm und fühlen sich nach demselben behaglich — das kann allein nur massgebend sein. —

Göden beklagt sich ferner, dass die Behandlung neben ihren sonstigen Vortheilen den Nachtheil biete, dass Arzt und Dienstpersonal sich übermässig anstrengen müssten und zu viel Dienstpersonal nöthig sei. Wäre dieser Vorwurf gegründet, so würde mein Verfahren in grossen Epidemieen, für die ich es doch hauptsächlich empfehle, nicht praktikabel sein und auch in Hospitälern keine Verwendung finden können. Glücklicher Weise ist dies jedoch nicht der Fall.

Was den Arzt anlangt, so ist zu unterscheiden, ob Beobachtungen sollen angestellt werden mit klinischer Schärfe und Genauigkeit, oder ob der Kranke nur sorgfältig soll behandelt und einfach zur Genesung zurückgeführt werden. Ist das Erstere der Fall, dann sind mit der Behandlung allerdings grosse Anstrengungen verbunden, denn der Kranke darf so zu sagen kaum verlassen, muss mindestens alle 3 Stunden besichtigt werden. Allein diese Anstrengungen kommen nicht auf Rechnung der Wasserbehandlung, sondern auf die der klinischen Beobachtung und sind stets dieselben, auch wenn anders behandelt wird, wie mit Wasser. Handelt es sich dagegen nur darum, die Kur einfach zu leiten, so sind die Anstrengungen nicht grösser, als bei jeder andern Behandlungsmethode auch. Jeder Typhuskranke muss, die Behandlung sei, welche sie wolle, 2 Mal täglich besucht werden und Mehreres bedarf auch die Wasserbehandlung nicht. Der Zustand des Gehirns, der Temperatur, des Pulses, des Urins, das einfache Referat der Angehörigen lassen hinreichend genau erkennen, ob der Wärter seine Schuldigkeit gethan hat, die Anordnungen richtig ausgeführt sind; ob es nöthig ist, Aenderungen in der Verordnung eintreten zu lassen. Nächtliche Besuche sind niemals nöthig. Nur ganz im Anfang der Behandlung, wo es darauf ankommt, das Fieber mit aller Macht niederzuwerfen, mag die Vorsicht erfordern, öfter einmal nachzusehen. Ist aber die Sache erst in richtigen Gang gebracht, so ist die empfohlene Behandlung müheloser, wie jede andere, denn ein irgend erfahrener Wärter führt sie dann auch ohne den Arzt zu raschem Ende.

Diese Darstellung setzt freilich voraus, dass Arzt und Wärter mit dem Verfahren vertraut sind. Müssen Beide dasselbe erst erlernen, so werden sie selbstverständlich etwas mehr Mühe haben. Das ist aber, scheint mir, ganz in der Ordnung; aller Anfang ist schwer. Haben Beide aber erst die nöthige Routine erlangt, so werden sie bekennen müssen, dass die Sache einfacher ist, als sie dachten. Wie sollte es mir möglich sein, eine grössere Anzahl Typhuskranker zu behandeln, der ich sie doch mit bedeutendem Aufwand von Zeit und Kraft an verschiedenen Orten aufsuchen muss, wenn die Behandlung nicht leicht und einfach wäre? Göden meint, dass ein Arzt im Hospital nicht mehr wie 12 Typhuskranke zugleich behandeln könne. Das wäre sehr wenig. In dem nächsten Berichte, den dieser vortreffliche Arzt der Oeffentlichkeit hoffentlich nicht versagen wird, wird die Ansicht, ich bezweifle es nicht, eine andere sein. Auch in Anbetracht der bedeutenden Verkürzung der Krankheitsdauer macht mein Verfahren dem Arzt weniger Mühe, als jede andere Typhusbehandlung und bedenkt man hierzu noch, dass bei meiner Behandlung im Allgemeinen das Gemüth des Arztes nicht afficirt wird, sorgenvolle Zeiten nicht vorkommen, so trifft der Vorwurf G.'s in keiner Weise zu.

In Bezug auf das Dienstpersonal ist es nicht anders. Hat dasselbe erst kennen gelernt, was bei der Behandlung beabsichtigt ist, und sind ihm die höchst einfachen Zeichen bekannt, die zur Vornahme der Prozedur und zur Beendigung derselben auffordern, so findet es die Behandlung nicht mehr mühevoll und der mächtige Umschwung in dem Krankheitsbilde pflegt bald das Interesse auch derjenigen zu erregen, welche geistig nicht hochstehen. Gewöhnlich begreifen die Leute sehr bald ihre Aufgabe und wissen sie ohne besondere körperliche Anstrengung auszuführen. Das Schlimmste ist die Entbehrung des Schlafes; das Wechseln der Umschläge, das Baden, das Frottiren geben niemals Veranlassung zur Klage. Das Nachtwachen ist aber eben die erste, wenn auch lästige Pflicht des

Krankenwärters. Ich habe mir so mehrere Menschen zu Wärtern herangebildet, denen ich unter Umständen ohne Sorge einen Typhuskranken zu alleiniger Behandlung überlassen könnte und, was mir gelungen, wird auch jedem Andern gelingen, der nur will. Alle diese Leute, die gleich mir an verschiedenen Orten fungiren, klagen und haben nie geklagt über zu grosse Anstrengung. Um wie viel weniger kann dies in einem Hospital der Fall sein, wo Alles nahe beisammen liegt, wo sich Alles mit grosser Ruhe ordnen lässt, wo das Wasser nicht braucht getragen zu werden, wo die gehörige Ablösung stattfindet? — Die Zahl der bei den Bädern beschäftigten Personen soll allerdings 3 sein, einer für den Rumpf und zum Begiessen, und immer einer für jedes Bein. In Privatverhältnissen macht es keine Mühe, die nöthigen Hände aufzutreiben, viel eher ist es schwer, überflüssige Hülfe entfernt zu halten; in Hospitälern, besonders in Militärhospitälern, dachte ich, müsste die nöthige Unterstützung sich ebenfalls finden. Göden belehrt aber, dass dem nicht so ist. In dieser Beziehung muss nun unterschieden werden eine Behandlung mit Comfort und die ohne denselben. Wenn man nicht über 3 Personen zu verfügen hat, müssen eben zwei, im Nothfall selbst eine genügen und lassen sich die angenehmen Vollbäder nicht beschaffen, nun so kann man auf anderem Wege, mittelst der Abreibungen etc. ebenfalls zum Ziele gelangen. Das ist eben gerade der Vorzug der Wasserbehandlung, dass sie so sehr biegsam ist und jedwedem Verhältnisse sich anpassen lässt. Im Kriege, in grossen Epidemieen, überhaupt in Zeiten der Noth dürfte es einerlei sein, ob mit Comfort behandelt wird oder nicht, wenn nur das Nöthigste geschieht, das Ziel zu erreichen, und das Leben erhalten wird. Demnach ist es für mich nicht zweifelhaft, dass mein Verfahren auch für die militärischen Verhältnisse sich eignet. — Zum Unterschiede von den Privatverhältnissen empfiehlt es sich bei ihnen dem Vorschlage Göden's gemäss besser, dass die Kranken in besonderen Räumen gebadet werden. Der Transport der Kranken dahin ist selbst im Winter ohne jegliche Gefahr und man vermeidet so die Inconvenienzen, welche das mit dem Bade verbundene Geräusch den übrigen im Zimmer befindlichen Kranken bereitet. In jedem nicht zu mangelhaften Hospitale (deren es leider immer noch giebt!) findet sich eine Badeanstalt mit der nöthigen Wasserleitung. Die Zubereitung der Bäder macht demnach wenig oder keine Mühe und nur die Nothwendigkeit, ausserordentlich sparen zu müssen, kann dazu zwingen, zwei Kranke in einem und demselben Bade vorzunehmen. Man bedarf hiermit an Dienstpersonal *extra statum:* 1) zum Transportiren zwei gewöhnliche Personen, 2) zum Baden einen Wärter und zwei Handlanger. Das macht in Allem 1 Wärter und 4 gewöhnliche Personen, auf 24 Stunden berechnet 2 und 8. Mit diesen ist man, wenn die Wärter die nöthige Routine haben, im Stande, jede beliebige Anzahl typhuskranker Soldaten nach meiner Methode zu behandeln. Sie aber müssen sich finden, wo es sich darum handelt, einen Feind, wie den Typhus, zu bekämpfen. Im Uebrigen bin ich weit entfernt, zu glauben oder zu behaupten, dass das Verfahren, wie ich es angebe, heute schon ein vollkommenes und der Verbesserung nicht mehr fähiges ist. Im Gegentheil, ich fühle recht wohl, dass die Bestimmungen in Manchem noch schärfer werden müssen, als sie von mir gegeben sind, und dass im Allgemeinen noch grössere Einfachheit zu wünschen ist. Es kann mir desshalb nur lieb sein, wenn man dem Beispiel Göden's folgend Aussetzungen an meinen Angaben macht; ich werde stets bereit sein, sie in vollem Umfang zu würdigen. —

Göden und Metzler glauben, dass Individuen sich finden dürften, welche die Anwendung des Wassers nicht vertragen. Mir sind, einfach gesagt, solche nicht vorgekommen. Allerdings ist es bei meiner Methode, wie eben bei aller Therapie, nicht möglich, alle Kranken ohne Ausnahme so zu sagen nach der Schablone zu behandeln, aber das Wasser ist ein so biegsames Heilmittel, dass es jedem einzelnen Falle angepasst werden kann. Der Eine verträgt möglicher Weise die Kälte nicht — gut, so passen warme Vollbäder, mit denen Jeder sich befreundet; ein Anderer fühlt sich bei grösserer Kühle wohl, ein Dritter bei mittlerer Temperatur u. s. f.; bald werden die Halbbäder, bald die Abreibungen besser am Platze sein — kurz, es ist eben des Arztes Sache, zu individualisiren und das Richtige zu treffen. In keinem Falle aber darf auf des Kranken Wunsch das Verfahren sistirt werden. Es ist eine Seltenheit, dass nicht bei länger dauernder Kur ein Zeitpunkt kommt, wo der Kranke mit dem vielen Baden unzufrieden wird — würde man darauf hören und das Baden unterlassen, so würde man dem Kranken wahrlich einen schlechten Dienst erweisen, der, hält man ihm später seine Worte vor, meist mit rührenden Dankesworten die scheinbare Härte des Arztes von damals zu billigen pflegt.

* * *

Leider scheint es Manchen schwer zu werden, den bis jetzt gewöhnlichen, vielleicht (wenn er es auch nicht verdient!) liebgewordenen Weg der Typhusbehandlung zu verlassen und sich in meinen Ideeengang hineinzufinden. Es leuchten ihnen manche meiner Anführungen ein, sie scheuen sich aber vor der Energie, die zur Ausführung meines Verfahrens nöthig, und gerathen so auf den Weg der Halbheit, die sich bekanntlich immer rächt. Die Einen denken gleich weit, wie bei meinem Verfahren, zu kommen, wenn sie seltener das Wasser anwenden und die entstehende Lücke durch den gleichzeitigen Gebrauch von Medikamenten ausfüllen. Indem sie sich so schmeicheln, milder zu verfahren, nützen sie dem Kranken — ausserordentlich wenig. Ueber die Wirkungsgrösse der Medikamente beim Typhusprozess habe ich mich in der Abhandlung speciell und weitläufig ausgesprochen; mit Ausnahme vielleicht der Digitalis und des Calomel gibt es nicht ein Mittel, das beim Typhus mit Sicherheit eine günstige Wirkung entfaltet. In der Combination mit der hydriatischen Methode ist dies nicht anders, ja es scheint sogar, dass sie in dieser Verbindung manchmal selbst Nachtheil stiften können. Die beiden Metzler'schen Fälle wenigstens, die sich gebessert hatten, aber auf Anwendung von Medikamenten einen ungünstigen Verlauf nahmen, drängen zu dieser Annahme, der sich auch Metzler selbst hinneigt. Jedenfalls ist es ein Irrthum, eine Selbsttäuschung, mit einem Medikamente einen Unterlas-

sungsfehler verbessern zu wollen. Die gleichzeitig gegebenen
Bäder und Umschläge, bei deren Anordnung gewöhnlich die
Exacerbationszeiten unbeachtet bleiben, sind ohne jeglichen
Einfluss auf den Gang der Krankheit, ja nützen nicht einmal
gegen einzelne Symptome. Wer sich die Mühe nehmen will,
sein Handeln mit dem Thermometer zu controliren, wird sich
leicht davon überzeugen können. Die Temperatur wird im Allgemeinen nicht niedriger, die Wirkung des Bades geht im
Umsehen vorüber, nach einer halben Stunde ist die Haut so
heiss, wie zuvor, Gehirn und Nervensystem bleiben halbgelähmt,
die Organe funktioniren wenig und Degeneration und Anomalie des Verlaufes stellen sich ein, wenn der Fall ein irgend
schwerer ist.

Andere halten an der exspektativen Methode fest, passen
die Behandlung den Symptomen an, steigern die Intensität derselben mit der Zunahme der Krankheit — und beruhigen sich
mit der nun erprobten Mangelhaftigkeit des Verfahrens, wenn
der Fall tödlich endet. Man sieht leicht, dass diese gerade
den meinen Angaben entgegengesetzten Weg einschlagen. Ich
verlange vor Allem, dass von Anfang ab die grösste Energie
entfaltet wird, um das Fieber niederzuwerfen und die Blutzersetzung zu verhindern; verlange ferner auf der Höhe der
Krankheit (in den speziellen Indikationen) ein mildes vorsich-
tiges Eingreifen. — Jene aber gehen gerade umgekehrt zu
Werke, lassen die Blutzersetzung ruhig sich entwickeln und
wollen sie in ihrer Blüthe energisch bekämpfen. Sie werden
und müssen sich bei ihrem Thun sehr getäuscht fühlen. Bei
leichten Fällen freilich werden sie glänzende Erfolge erzielen
und — von ihrer Methode entzückt sein, da sie ja viel milder
behandelt haben, wie ich; in schweren Fällen aber, in bösartigen Epidemieen werden sie finden, dass diese Art Behandlung um Nichts günstigere Resultate gibt, wie die rein exspek-
tative Methode auch und werden nicht über ihren Irrthum, —
wohl aber über meine Angaben den Stab brechen.

Beide pflegen ihre Verfahrungsweise eine „Modifikation"
meines Verfahrens zu nennen. Ich selbst halte sie für eine
Verstümmelung desselben, vielleicht — für einen Kunstfehler.
*   *   *

Von einer Seite her, die ich sehr hoch achte, ist mir der Zweifel ausgesprochen worden, dass meine Behandlungsmethode im Stande sei, die Degeneration des Typhusprozesses zu verhüten und demgemäss ein günstigeres Prozentverhältniss, als das gewöhnliche, herzustellen. Anomaler Verlauf und Degeneration seien die Wirkung einer besonderen Qualität oder Quantität des Typhusgiftes. Man habe in früherer Zeit das Wasser ebenfalls angewandt, aber gefunden, dass dasselbe nur geeignet sei, gegen einzelne Symptome zu dienen.

Ich weiss nicht, wie weit es Jedem theoretisch einleuchten muss, dass die Anomalie des Verlaufes und die Degeneration verhütet werden kann, 1) wenn das Fieber niedergehalten, 2) wenn die Blutzersetzung beschränkt wird. Dass Beides geschieht bei meiner Behandlungsmethode, ist wohl zur Genüge nachgewiesen. Es scheint mir, dass ein Zweifel an der Möglichkeit kaum bestehen kann.

In praxi ist die Richtigkeit meiner Angaben jetzt nicht allein mehr von mir, sondern auch von Metzler, Göden und Anderen nachgewiesen. Wir haben Alle die Beobachtungen in mehr oder minder bösartigen Epidemieen an den verschiedensten Orten gemacht und herrscht nur eine Stimme darüber, dass, wenn die Erkrankung frühzeitig in Behandlung kommt, der Ausgang ein günstiger ist, was doch nur geschehen kann dadurch, dass eben der Fall normal verläuft, vor Anomalie und Degeneration geschützt ist. Sollte ich insbesondere nicht ein Recht, ja die Pflicht haben, solchen Ausspruch zu thun und Andern gegenüber hochzuhalten, wenn ich erfahren habe, dass, während der Tod ringsum die reichste Ernte hielt, meine Typhuskranken sicher und schnell genasen, nicht ein Einziger dem Verhängniss erlag? wenn ich immerfort noch Todesfälle sehe, während ich selbst meine Kranken in aller Ruhe und ohne besondere Mühe zur vollen Genesung zurückführe?

Das Prozentverhältniss aus vielen sorgfältig zusammengestellten und genau beobachteten Fällen, für die ich selbst nach Kräften sorgen werde und auf die ich mir auch von anderer Seite Hoffnung mache, wird und muss die Richtigkeit oder Unhaltbarkeit meines Ausspruches beweisen. Die Summe der Beobachtungen ist jedoch heute schon so gross, dass kaum ein Zweifel sein kann, wohin die Wage sich neigen wird.

Wie die Annahme besonderer Typhusformen durch besondere Quantität und Qualität des Typhusgiftes heute schon als irrig von mir nachgewiesen ist, so werden dann hoffentlich auch die weiteren Zweifel aufgegeben werden.

Dem Ausspruch, dass man auch das Wasser angewandt habe, aber ohne besonderen Vortheil, begegne ich nur zu häufig und gestehe offen, dass er stets unangenehme Empfindungen in mir weckt. Bei aller Behandlung kommt es weniger auf das Mittel an, das man verwendet, als auf die Methode, w i e es angewandt wird. Vom Chinin z. B. weiss Jeder, dass es das Wechselfieber heilt. In der That ist auch hierdurch jedes dieser eigenthümlichen Fieber heilbar. Wenn man nun beobachtet, dass gleichwohl eine Menge derselben ungeheilt bleibt, so liegt dies daran, dass die Methode der Anwendung der Individualität des Falls nicht angepasst wird, mit andern Worten, die Hindernisse nicht aus dem Wege geräumt werden, welche der Entfaltung der Wirksamkeit des Mittels entgegenstehen. So kommt es, dass einem Arzte mit leichter Mühe gelingen kann, was von dem andern lange vergeblich erstrebt ist.

N i c h t d a s W a s s e r h e i l t d e n T y p h u s, s o n d e r n die M e t h o d e, n a c h d e r es d i e V e r w e n d u n g f i n d e t. Im Eingange zur Abhandlung habe ich die verschiedenen Anwendungsweisen des Wassers, wie sie seit über 50 Jahren gegen den Typhus empfohlen sind, aufgeführt. Verschieden unter einander stimmen sie nur darin überein, dass sie das Gewünschte und Versprochene insgesammt nicht geleistet haben. Die Ursache liegt darin, dass man im Allgemeinen von dem Wasser als solchem zu Viel erwartete, die Indikationsstellung vernachlässigte und die Methode unrichtig construirte. Indem ich bei meiner Behandlungsmethode diesen Mängeln abzuhelfen bemüht war, entstand ein Behandlungsschema, das von allen übrigen wesentlich abweicht, das mit keinem Aehnlichkeit hat, als in geringerem Grade mit dem

Currie's, des Begründers der Wasserbehandlung des Typhus. Die Wichtigkeit aber, den Typhus von Anfang ab zu bekämpfen, die Nothwendigkeit, mit aller Energie gleich im Anfang einzuschreiten, die Bedeutung der Exacerbationen im Typhus und dass es darauf ankommt, sie wo möglich zu verhüten, jedenfalls vollständig zu bekämpfen, ist von mir zuerst hervorgehoben worden. Vergeblich wird man nach solchen Andeutungen in den Schriften der Anderen suchen.

So vermuthe ich, dass die Anwendungsweise des Wassers an jenem oben angedeuteten Orte ebenfalls nicht den Anforderungen des Typhus entsprochen und keine Aehnlichkeit mit der meinigen hat. Sonst konnte es nicht ausbleiben, dass auch die Resultate die gleichen gewesen wären. Die Wiederholung der angegebenen Bitte, alle Zweifel auf kurze Zeit zu suspendiren und — wenn auch nur wenige — Fälle auf Prüfung meiner Angaben zu verwenden, ist desshalb gewiss gerechtfertigt.

Bericht.

Die Zahl der Typhusfälle, über die ich berichten will, ist 26. Sie ist nicht grösser, weil bedeutende Epidemieen, wie sie sonst in Stettin gewöhnlich sind, vom Sommer 1861 bis 1862 nicht geherrscht haben. Ungewöhnliche Kühle im Sommer, Schönheit des Herbstes und Frühjahrs, geringer Schneefall im Winter, folglich Ausbleiben der sonst gewöhnlichen jährlichen Ueberschwemmungen scheinen das Zustandekommen derselben verhindert zu haben. Zu gleicher Zeit waren auch die intermittirenden Fieber gegen ihre Gewohnheit selten und cessirte die Cholera seit vielen Jahren zum ersten Male. Der Charakter der behandelten Typhen ist meist ein schwerer, nur 4 von 26 können als leichtere Fälle bezeichnet werden. Ganz leichte (Abortiv-) Fälle sind absichtlich ausgeschlossen worden. Wie hier gewöhnlich ist die abdominale Form die vorherrschende, nur in 4 Fällen überwiegen die cerebralen, in 2 die pulmonalen Symptome. Von den Erkrankten befinden sich im Alter bis zu 10 Jahren 11, bis zu 20 Jahren 8, bis 30 Jahren 2, bis zu 40 und darüber 5. Dem männlichen Geschlechte gehören an 13, dem weiblichen 13.

Von diesen 26 Kranken habe ich von Anfang ab behandelt 19, zu den übrigen wurde ich entweder konsultativ zugezogen (3/47, 4/48, 25/69, 26/70) oder übernahm die Behandlung, nachdem sie am Typhus erkrankt von Auswärts hierher gebracht waren (10/54, 12/56, 13/57).

Gestorben ist Keiner, Nachkrankheiten sind niemals geblieben. Nach längstens 4 Wochen sind Alle, mit Ausnahme eines einzigen Falls (12/56), welcher 70 Tage gebrauchte, vollständig genesen. Ausser den Fällen, über die ich hier berichte, habe ich unter der Wasserbehandlung nur noch 1 Fall von Abdominaltyphus gesehen, der in den ersten 24 Stunden nach Beginn der Behandlung an Darmlähmung zu Grunde gieng, und einen zweiten, bei dem die Eltern auf das Wasser verzichteten.

Leider bin ich nicht mehr im Besitze des Privathospitals, von dessen Existenz ich in der Abhandlung berichtet habe. Es mussten desshalb alle Fälle von mir in häuslichen Verhältnissen behandelt werden. Niemals habe ich mit besonderen Schwierigkeiten zu kämpfen gehabt, niemals das Bedürfniss nach ausserordentlichen Einrichtungen zur Durchführung der Kur gefühlt. Metzler und Göden irren, wenn sie dergleichen für nöthig halten. Gleichviel, ob die Kranken arm oder reich sind, immer lässt sich der Endzweck der Kur erreichen, wenn auch auf verschiedenem Wege. Nur Eines kann in der That nicht entbehrt werden, das ist der gute Wille von Seite der Angehörigen, der lebhafte Wunsch, den Kranken am Leben zu erhalten, ein Weniges von Liebe und Aufopferungsfähigkeit — Eigenschaften, die, so viel mir bekannt ist, auch bei anderer Therapie zum erspriesslichen Handeln beim Typhus nicht fehlen dürfen. Im Allgemeinen sind besondere Hindernisse nicht zu überwinden gewesen. Alle haben sich der Kur mehr oder minder gern gefügt. Durch Aenderung der Temperatur, der Anwendungsform des Wassers konnte einzelnen Klagen leicht abgeholfen werden. In 16 Fällen wurde die Behandlung nach dem Schema durchgeführt, in 4 Fällen sind warme Vollbäder für nöthig befunden worden, in 6 habe ich nur Abreibungen verwenden können.

Da dieser Bericht sich streng der Abhandlung anschliessen, eine Fortsetzung derselben bilden soll, so kann ich nicht umhin, auch dieselbe Form der Darstellung beizubehalten, die ich in jener gewählt habe. Hoffentlich leidet weder die Uebersichtlichkeit, noch die Vollkommenheit darunter.

Gehirn und Nervensystem. Alle Kranken zeigen bei Beginn der Behandlung typhomanisches Aussehen, beeinträchtigtes Gehör, grosse Körperschwäche, Neigung zu Delirien und Phantasieen. Verschieden von den gewöhnlichen Krankheits-bildern beginnt die Erkrankung 2 Mal mit ausserordentlicher Lichtschen, die in beiden Fällen eine Zeit lang die Diagnose trübt. Im 2. Falle vermuthet man die Existenz einer mate-riellen Gehirnerkrankung und wird dadurch veranlasst zur Hülfe der hydriatischen Behandlung zu rekurriren. Beide Male verschwindet das Symptom nach kurzem Gebrauche mit den übrigen Gehirnsymptomen zusammen.

1/45 Fall. Kaufmann W., 27 Jahre alt, blond, Hämorrhoidarier, sonst stets gesund, erkrankt gegen das Ende einer Reise mit allgemei-nem Unwohlsein am 1. Juni 1861. Ausserordentliche Schwäche und Fiebererscheinungen treten bald hinzu; ein dumpfer Kopfschmerz in der Stirngegend, Schwindel, Empfindlichkeit gegen das Tageslicht, gastrische Symptome lassen das Krankheitsbild verdächtig erscheinen. Die Empfindlichkeit gegen das Tageslicht steigert sich bis zur vollkomme-nen Lichtschen, so dass das Krankenzimmer vollständig verdunkelt werden muss; an dem Auge selbst ist nicht die geringste krankhafte Veränderung wahrzunehmen. Am 3. hat das Fieber zugenommen, Ex-acerbationen prägen sich aus, Schlaflosigkeit, Reizbarkeit, Unruhe, Lichtscheu unerträglich. Temp. 32,₈°, Puls 112. Gastrische Symptome, Stuhlverstopfung, leichter Meteorismus, Anschwellung der Milz. Keine Roseola. Bisher nichts als Abreibungen und Leibumschläge, Klystiere verordnet. Ord: Einpackungen bis zum Froste, Halbbad mit Begiessung, Leibumschläge, Klystiere, Abwaschungen, Diät. Halbbad mit Begies-sung beim Eintritt der Exacerbation. Durchschnittlich sind 2—3 Bäder täglich nothwendig wegen eben so vieler Exacerbationen. Die nervösen Symptome, besonders die Licht-scheu, wiederstehen der Behandlung ziemlich lange. Ebenso die Unter-leibsstörungen, indem durch die Klystiere von kaltem Wasser mit Mühe ein dünner Stuhl zu Stande gebracht wird. Am 14. treten endlich grosse Mengen Urin und Furunkeln auf und ist von da ab die Rekon-valescenz zu datiren. Am 15. geht er ins Freie und vom 17. ab ist weitere ärztliche Behandlung nicht mehr nöthig.

2/46 Fall. Jda Merner, 11 Jahre alt, brünett, bisher stets gesund und von gesunden Eltern stammend, erkrankt mit Frösteln und andern Fiebererscheinungen am 2. October 1861. Die Symptome entwickeln sich rapide zu bedeutender Höhe, am 2. Tage schon treten Delirien auf. Trotz Calomel und Chlorwasser nimmt die Krankheit fortwährend an Intensität zu. Die allgemeine Gefährlichkeit, erschwertes Sprechen und Hören, Abnahme des Sehvermögens, Furcht vor einer drohenden Ka-tastrophe veranlassen meine Zuziehung am 11. Tage der Krankheit.

(In derselben Wohnung habe ich bereits früher zwei schwere Typhen behandelt, No. 27 und 25 meiner Abhandlung).

Status präsens: Rückenlage, typhomanisches Aussehen, erträglicher Ernährungszustand, *calor mordax,* Exanthem, Temperatur 32,₀°, Puls 120, Schlaflosigkeit, Phantasieen, Delirien, schweres Hören, geringes Sehvermögen. Brust frei. Häufig Drang zum Stuhl, Diarrhoe, Ausleerung in's Bett. Zunge roth, trocken; Leib aufgetrieben; Quatschen in der Ileocöcalgegend. Bisher sind neben Chlorwasser noch täglich 2 kühle Bäder — ohne jeglichen Nutzen — gegeben. Ord.: 3 Exacerbationen existiren, also 3 Bäder von 23 und 14°; Umschläge, Abwaschungen, Diät etc.

13. Octb. (12 Tag). Wenig Schlaf, nach den kalten Bädern Frost. Wenig Urin, Puls 120, Temp. 32,₀°. Ord.: Temp. der Bäder 23 und 18°.

14. Octb. (13 Tag). Kein Frost nach den Bädern. Bewusstsein freier, Sprechen, Hören und Sehen besser. Stuhl nicht mehr in's Bett. Noch immer 3 Exacerbationen um 7 Uhr Morg., 4 Nachm. und 10 Abends. Puls 120, in der Exacerbation 132, Temp. 32,₀° Ord.: Kräftige Nahrung.

15. Octb. (14 Tag). Puls 120, Temp. 32,₄°. Das Drängen zum Stuhl verliert sich. Noch zu wenig und zu dunkler Urin (300 C. C.).

16. Octb. (15 Tag). Bewusstsein ganz frei, 2 Stühle, compakter. Urin heller, 700 C. C. Puls 100, Temp. 31,₅°. Eintritt der Besserung.

17. Octb. (16 Tag). Appetit findet sich. Puls 116, Temp. 31,₅°. Urin 1250 C. C. Ord.: 2 Bäder.

18. Octb. (17 Tag). Hat gestern schon das Bett verlassen. Vortreffliches Befinden. Puls 96, Temp. 30,₈°, Urin 1500 C. C.

24. Octb. (23 Tag). Genesung.

Welch mächtigen Umschwung das Verfahren auch im späteren Verlaufe der Krankheit noch hervorzubringen vermag, das zeigt der folgende Fall auf das Deutlichste. Anfänglich nimmt dieser Typhus scheinbar einen leichten Verlauf, um den 14. Tag kann man sogar an den Eintritt der Rekonvalescenz glauben, vom 17. ab aber zeigt er seinen wirklichen, gefährlichen Charakter, den die bisherige sorgfältige Behandlung in Nichts zu ändern vermocht hat. Die Gehirnalteration ist bei der Uebernahme der Behandlung am 21. Tage so stark (Delirien bei Tag und Nacht, Schlaflosigkeit), die Schwäche und Anämie so bedeutend, die Unterleibssymptome so hoch entwickelt, dass die Prognose mindestens nur eine zweifelhafte sein kann. Wie dubiös der Ausgang bei Typhen ist, die am 17., spätestens 21. Tage sich nicht entscheiden, wie noch dubiöser bei solchen, welche um diese Zeit sich ver-

schlimmmern, also Nachschübe der Produktbildung annehmen
lassen, ist Jedem bekannt. Um so grösser muss nach meiner
Meinung der Werth einer Behandlung erscheinen, die auf die
mildeste Weise von der Welt eine gänzliche Aenderung der
Sachlage in kurzer Zeit hervorzubringen vermag — einfach
durch Einschreiten zur richtigen Zeit und Bekämpfung
der schadenbringenden Momente.

3/47 Fall. Bertha B., 21 Jahre alt, selbst bisher gesund, aber
von einer Familie abstammend, aus der ein Glied an Tuberkulose gestorben ist, ein anderes an *Caries* der linken Hand und der Vorder-
armknochen leidet, eine schlanke hübsche Figur, mit leichter Neigung
zu Bleichsucht, erkrankt am 4. September 1862, nachdem sie 8 Tage
ein Unwohlsein gefühlt hatte, mit Frösteln, Fieber, Appetitlosigkeit,
Diarrhoe, Schlaflosigkeit und Delirien. Ord.: Salzsäure. Die Diarrhoe
verliert sich, es tritt sogar Verstopfung ein, auf Klystiere zeigen sich
jedoch die Stühle immer dünn. Starker Husten. Der im Ganzen be-
friedigende Zustand verschlechtert sich plötzlich am 21. Septb. (17 Tg.),
indem Gehirn und Nervensystem sehr afficirt werden, Delirien Tag und
Nacht existiren, bedrohliche Schwäche eintritt. Dies der Grund, warum
ich am 25. Septb. zur Anwendung meines Verfahrens gerufen werde.
Stat. präs.: Rückenlage, grosse Abmagerung, blasse Lippen und
Gesichtsfarbe, doch in den Exacerbationszeiten völlige Rothbläue. Haut
trocken, wie Pergament. Puls 120, klein, schwach, Temp. 32,₅° R. Delirien bei Tag und Nacht, typhomanisches Aussehen, starke Betäubung,
Schlaflosigkeit, Stuhl ins Bett. Viel Husten und viel Schleim auf der Brust.
Zunge feucht und blass, Leib stark aufgetrieben; dünner Stuhl. Ord.:
Vor jeder Exacerbation ein warmes Vollbad von 28° mit Begiessung
von 18° und 8°; sorgfältiges Ernähren etc.

26. Septb. Nach dem Bade Ruhe und Schlaf. Exacerbation
¹/₂9 Uhr Abends—Bad, dann Ruhe und Schlaf ohne Delirien. Etwas
Unruhe nach Mitternacht wird durch Abwaschungen und häufige Erneue-
rung der Umschläge beseitigt. Morgens freies Bewusstsein. Wenig Urin, Stuhl nicht mehr ins Bett. Leib kleiner, Haut weicher, safti-
ger, röther, duftend. Puls 120, Temp. 31,₅°. Exacerbation ¹/₂1 Uhr
Mittags—Bad; Schlaf. Exacerbation 7 Uhr Abends—Bad. Sehr grosse
Blässe, fortdauernd Schlaf. Ord.: Temp. des Bades 26°.

28. Septb. Gehirnerscheinungen immer seltener und schwächer,
Ruhe und Schlaf. Brusterscheinungen noch stärker entwickelt, viel
Husten, schwarzes Blut im Auswurf, 24 Athemzüge. Leib kleiner, Stuhl
wenig und schleimig. Urin anfänglich kaum 600 C. C. und saturirt,
nimmt an Menge zu (900 C. C.) und wird blasser. Noch existiren 3
Exacerbationen gegen 1 Uhr Mittags, 6 Abends und um Mitternacht,

desshalb sind immer noch 3 Bäder täglich nothwendig. Puls (der Anämie wegen) sehr schwankend von 112—132. Efflorescenzen zeigen sich an Brust und Rücken. Ord.: Temperatur des Bades 26°. Wein, nahrhafte Diät.

29. Septbr. Urin 1150 C. C. Husten weniger. Appetit regt sich.

1. Octbr. Urin 1500 C. C. Vortreffliches Allgemeinbefinden. Beginn der Rekonvalescenz. Ord. 2 Bäder tägl. etc.

11. Octbr. Geht täglich aus. Grössere geistige Regsamkeit, wie vor der Krankheit wahrzunehmen. Brustsymptome alle verschwunden. Genesung.

Den üblen Einfluss, den die beim Typhus in früher Zeit schon auftretende Anämie auf Gehirn und Nervensystem äussert, habe ich in der Abhandlung besonders hervorheben zu müssen geglaubt und habe thatsächlich nachgewiesen, wie gerade die heftigsten Erscheinungen häufig auf ihre Rechnung kommen. Die Richtigkeit dieser meiner Ansicht, die leider und zum Schaden der Typhuskranken nicht hinlänglich bekannt ist, wird auch von dem folgenden Falle bewiesen, der ausserdem zeigt, dass man auf das Tiefste herunter gekommen sein und doch die Krankheit noch glücklich überstehen kann. Dieser Fall, hat eine gewisse Aehnlichkeit mit den beiden Metzler'schen Fällen (3. 6.), welche unter dem Einfluss der Wasserbehandlung sich bessern, aber tödtlich enden, als man zur Beschleunigung der Besserung neben dem Wassergebrauche noch Medikamente zu Hülfe nimmt. Möglicher Weise hätte ein wenig mehr Geduld ein anderes Resultat erzielen lassen. Ich selbst bin in diesem Falle auch zum gleichzeitigen Gebrauch von Medikamenten genöthigt worden, (wie es bei Konferenzen leider öfter geschieht!), und nur die noch vor dem Nehmen der Medizin glücklicher Weise eintretende definitive Besserung mag ungünstigen Ausgang und Schaden verhütet haben.

4/48 Fall. Susanne H., 6 Jahre alt, sehr schwächliches Zwillingskind, erkrankt während der in der Abhandlung erwähnten Epidemie zusammen mit ihrer Mutter und einem Pensionär (Fall 3. meines Buches). Die Mutter stirbt, das Kind wird fast hoffnungslos. Am 4. Decbr. 1858 zu Hülfe gerufen finde ich ein abgemagertes Wesen, verfallenes Gesicht, freies Bewusstsein, rothe trockene Lippen, belegte feuchte Zunge, Hände und Füsse kühl, Hauttemperatur erhöht. Puls klein, 92 Schläge. Kein Brustkatarrh. Leib aufgetrieben, tympanitisch, hart, Milz geschwollen, keine Roseola. Heftige Diarrhöe, Neigung zum Erbrechen. Ord. Halbbad 24° R. mit Ueberguss 14°. Umschläge, nahrhafte Kost etc.

5. Decbr. Nur zwei Exacerbationszeiten, Morgens und Abends. In der Nacht ruhiger Schlaf, heute erträgliches Befinden.

6. Decbr. Diarrhöe hört auf, seit gestern nur eine breiige Ausleerung, Leib weich, Brechneigung lässt nach, Puls gehoben, 84 Schl.

6. Decbr. Abends. Seit dem heute Nachmittag erfolgten Begräbnisse der Mutter, von deren Tod die Kleine übrigens nichts weiss, wesentliche Verschlechterung, Erbrechen, Unruhe, Apathie, Zuckungen, Zähneknirschen, äusserste Schwäche. Puls 112. Ord. warmes Vollbad mit Uebergus 18°.

7. Decbr. Trostloser Zustand, doch kehrt die Diarrhöe nicht wieder. Ord. 2 Bäder täglich etc. Gleichzeitiger Gebrauch einer eisenhaltigen Mixtur.

8. Decbr. Noch früher als die Medicin genommen ist, tritt nach dem Abendbade Ruhe und Schlaf ein. Gestern Abend 100, heute 96 Pulse. Gesichtsausdruck besser, Gehirnsymptome verschwunden. Temperatur hebt sich. Stuhl fehlt seit 36 Stunden.

12. Decbr. Vortreffliches Befinden, mit dem Appetit kehren die Kräfte zurück. Besserung. Ord. 1 Bad täglich, Umschläge seltener etc.

18. Decbr. Genesung.

Krämpfe kommen im Allgemeinen nur den schwersten Formen des Typhusprozesses zu und lassen immer eine gewaltige Bluterkrankung voraussetzen. Die Prognose ist demzufolge fast immer eine schlechte. Den Fällen, die ich in der Abhandlung erwähnt habe und die günstig geendigt haben, reiht sich der folgende würdig an, der für die Behandlung das Auszeichnende hat, dass kühlere Temperatur nicht vertragen wird und der die Richtigkeit des Satzes beweist, dass, je bedeutender und drohender die Gehirnerscheinungen sind, um so milder, vorsichtiger und wärmer verfahren werden, also gerade das Gegentheil von dem geschehen muss, was die Modifikanten meines Verfahrens zu thun belieben.

5/49 Fall. Arthur L., 3 Jahre alt, schwächliches, skrophulöses Kind, in einem Keller wohnend, erkrankt am 23. März 1861. Gehirn- und Unterleibserscheinungen vorwiegend. Anfangs Calomel zu grosser Erleichterung gegeben, darauf Halbbad 23° mit Begiessung 14°. Auf dasselbe grosse Aufregung, Zunahme der Gehirnerscheinungen und Krämpfe. Warme Vollbäder (28°) mit Begiessung (2 Mal täglich bei 2 Exacerbationszeiten) beruhigen wieder und führen am 6. April Besserung unter Ausbruch von Furunkeln und am 15. April Genesung herbei. — Noch ein jüngeres Kind, um dieselbe Zeit ebenfalls am Typhus erkrankt, wird auf Bitten der Angehörigen nicht mit Wasser, sondern mit Calomel, Säuren u. s. w. behandelt. In der 2. Woche stellen sich Hautgangrän, Krämpfe ein und schliesslich der Tod.

In früherer Zeit hatte ich zu beobachten geglaubt, dass die Typhen der Kinder hier im Allgemeinen milderen Verlauf nähmen, wie die der Erwachsenen, äqual dem allgemein gültigen Satze, dass mit dem Alter die Gefährlichkeit der Krankheit steigt. Schon in der Abhandlung aber habe ich einige Fälle von solch entsetzlicher Schwere anzuführen Gelegenheit gehabt und bin auch heute wieder dazu in den Stand gesetzt, dass jene Annahme total verworfen werden muss. Die Gehirnerscheinungen erreichen in dem nächsten Falle eine solche Höhe, dass nicht mehr unterschieden werden kann, ob sie die alleinige Wirkung der typhösen Erkrankung oder die materieller Veränderung sind. Lange Zeit ist Lebensgefahr vorhanden. Die Behandlung, welche Armuthshalber nur auf Abreibungen, Begiessungen und Waschungen sich erstreckt, hätte können exakter durchgeführt werden, die Folge davon ist die längere Dauer des Verlaufes. Gleichwohl tritt schliesslich vollständige Genesung ein.

6/50 Fall. Emilie Schwörke, 2½ Jahre alt, Kind gesunder Eltern, doch skrophulös, ist 4—5 Tage krank, als ich sie, am 6. December 1861 zu Hülfe gerufen, im heftigsten Fieber, bewusstlos, delirirend treffe. Aussehen sehr echauffirt, grosse Unruhe, Abmagerung, heisse trockene Haut, geschwollener Leib, Puls 130. Schlaflosigkeit, Zähneknirschen. Zunge roth und trocken, heftigste Diarrhöe, unwillkührlicher Stuhl, Milz geschwollen. Auf Calomel keine Veränderung. Auf Abreibungen mit Begiessung (3 mal täglich bei 3 Exacerbationen) lassen am 12. die Erscheinungen etwas an Intensität nach, doch liegt das Kind noch bis zum 16., ohne ein Wort zu sprechen. Um diese Zeit grösste Schwäche, blasses, gedunsenes Gesicht, viel Husten, Leib noch stark aufgetrieben, Diarrhöe fortdauernd, Puls 94. Bei etwas wärmerem Verfahren und nahrhafter Kost tritt am 21. Besserung und Anfang Januar 1862 Genesung ein.

Respirationsorgane. Lungenkatarrh hat sich eingefunden 14 Mal. Im Allgemeinen mässig erreicht er doch in 2 Fällen eine grössere Entwickelung; in dem einen (7/51) besonders werden das Gesicht, die Lippen fast blau anzusehen, wird die Athemnoth gross, der Husten quälend, das Allge-

4*

meinbefinden sehr mangelhaft, aber es kommt nicht zu Infiltration, zu Pneumonie od. dgl., sondern energische und sorgfältige Behandlung führt glatt über dieses unbehagliche Stadium hinweg. Mein früherer Ausspruch, dass der typhöse Lungenkatarrh bei der Behandlung mit Wasser durchaus keine Gefahr mit sich bringt, wird hierdurch einfach bestätigt.

7/51 Fall. Adolph Schultz, 2 Jahre alt, Kind gesunder armer Eltern, erkrankt am 25. Dezember 1860. Anfänglich concentriren sich die Erscheinungen im Gehirn bei mässig starker Diarrhöe und geringer Aufgetriebenheit des Leibes; 3 Abreibungen täglich, Abwaschungen und häufiger Wechsel der Kompressen reichen hin, die drohendsten Erscheinungen zu beseitigen. Lungenkatarrh gesellt sich um den 5. Januar 1861 hinzu und gewinnt bald an Mächtigkeit: fortwährender Husten, 36—48 Athemzüge, tympanitischer Perkussionston, Rhonchi von allen Sorten. Am 12. steigern sich die Erscheinungen bis zu drohender Lebensgefahr, blaues gedunsenes Gesicht, blaue Lippen, starke Oppression, Athmen 60, Puls 158; 4 Exacerbationen täglich, Temp. im Allgemeinen sehr hoch. Gehirn sehr afficirt. Bis zu 7 Abreibungen täglich sind nöthig, die drohendste Gefahr zu beseitigen. Doch tritt Ende Januar unter Furunkelausbruch völlige Genesung ein.

Während mit der Zunahme der Gehirnerscheinungen die Behandlung milder und vorsichtiger werden muss, ist bei dem Vorwiegen der Erscheinungen von Seiten der Respirationsorgane das Entgegengesetzte gültig, muss die Temperatur des verwandten Wassers tiefer genommen, jede noch so leise Exacerbation sorgfältig bekämpft werden. Aengstlichkeit, Halbheit, Furcht, den Kranken zu erkälten, bringen die grössten Nachtheile. Die Versicherung, dass bei der Wasserbehandlung eine Verkältung des Kranken durchaus nicht zu fürchten ist, wird leider nicht von Allen, ja nur von den Wenigsten geglaubt. Und doch spricht es v. Gietl mit mir aus, dass bedeutende typhöse Lungenaffektion eine Indikation bildet für Anwendung der kalten Begiessungen, und doch erkennt auch Göden deren Nutzen ausdrücklich an. Der Unterschied der typhösen Lungenerkrankung und der einfachen entzündlichen in Beziehung auf diesen Punkt ist ein wesentlicher; während bei der letzteren alle Vorsicht bei der Entblössung des Kranken anzuwenden ist, kann man bei der ersteren ohne Nachtheil mit aller Rücksichtslosigkeit verfahren. Diese

Angst vor Verkältung im Typhus benimmt auch sonst vorurtheils-
freie Beobachter; sie ist eben ein Beweis, wie sehr weit man
im Allgemeinen noch entfernt ist von der richtigen Erkenntniss
einzelner Erscheinungen im Typhusprozesse. Selbst der Verdacht auf Entwicklung von Tuberkulose darf vor Anwendung
der Kälte nicht zurück schrecken. Abgesehen von dem doch
nur seltenen Vorkommen derselben im Verhältniss zur Ge-
sammtzahl der Typhen, würde die Anwendung des Wassers
auch bei ihr nicht schaden; nützen kann man ohnedies nicht.
Ist die Diagnose aber falsch, der Verdacht ungegründet, so
muss durch die Unterlassung der Wasseranwendung bedauer-
licher Nachtheil entstehen. In gewissem Sinne ist bei diesen
zweifelhaften Fällen die Wasseranwendung ein diagnostisches
Hülfsmittel. Während sie bei Anwesenheit von Tuberkulose
wenig oder Nichts hilft, beseitigt sie den typhösen Lungenkatarrh auf eine wunderbar schnelle Weise.

26/70 Fall. Im Dezember 1861 werde ich nach dem 3 Meilen von
hier entfernten Städtchen Pölitz zu dem Bürger Rues, 33 Jahre alt, gerufen, der, von tuberkulösen Eltern stammend, seit 3 Wochen am Typhus
erkrankt ist. Abmagerung, Schwäche, Blutleere sind erstaunlich gross,
auf dem Kreuz befindet sich ein Thaler grosser brandiger Dekubitus,
das Gehirn ist ziemlich frei, die Zunge roth, nicht trocken, kein Appetit,
Leib aufgetrieben, Diarrhöe vorhanden. Husten Tag und Nacht, wenig
schleimiger Auswurf, Druck in der Mitte, Stiche auf beiden Seiten der
Brust, tympanitischer Perkussionston überall, keine Dämpfung. Schwaches
Athmen, von Rhonchis aller Tonarten verdeckt. Puls gegen 130, leichte
Fieberexacerbationen. Nahrhafte Kost und zwei nasse Abreibungen
täglich von 14° Temp., ein stündlich zu wechselnder Umschlag auf den
Leib bilden meine Verordnung. Nach 14 Tagen, als ich den Mann
wieder besuche, kommt er mir genesen entgegen und erzählt, dass Husten,
Diarrhöe und Dekubitus nach wenigen Tagen verschwunden seien.

Unterleibsorgane. Die hier vorkommenden Typhen
gehören vorwiegend der abdominalen Form an. Hierzu ist
nicht nothwendig, dass die Diarrhöe gerade profus ist, denn
auch bei Verstopfung können Darmgeschwüre vorhanden sein.
Es reicht hin, dass die Zunge die bekannten Eigenschaften
zeigt, der Leib aufgetrieben, in der Ileocöcalgegend schmerzhaft ist, ebendaselbst beim Betasten das bekannte „Quatschen"
hervorgebracht wird, dass die Milz geschwollen ist. Findet

man alle diese Symptome neben denen der anderen Systeme, die für Typhus sprechen, und ist Verstopfung vorhanden, so ist doch die Annahme der abdominalen Form gerechtfertigt, denn man kann und wird sich durch Klystiere leicht überzeugen, dass der Darminhalt nicht ein fester, sondern ein diarrhoischer ist; die Halblähmung des Darms verhindert nur die Entfernung desselben. Meine Kollegen anerkennen diese Form nicht als Typhus, sondern nennen sie „gastrisch-nervöses Fieber"; sie verlangen für den *Typhus abdominalis* die heftigsten Darmerscheinungen und wollen auch von Typhusstühlen wissen. Diese letzteren existiren aber, wie ich in der Abhandlung nachgewiesen habe, nicht. Wenn man wollte häufiger die Obduction vornehmen, würde man bald kennen lernen, dass, wie profuse Diarrhöe durchaus kein sicheres Zeichen von Existenz der Darmgeschwüre ist, denn sie bedeutet nichts, als starken Darmkatarrh, so auch Verstopfung und doch zugleich typhöse Darmgeschwüre bestehen können, — man würde sich bald überzeugen, dass „das gastrisch-nervöse Fieber" durchaus nichts Anderes ist, als eben Typhus, wofür auch die Gefährlichkeit der Erkrankung und der häufige üble Ausgang spricht.

In allen beobachteten Fällen ist die abdominale Form bald mehr, bald weniger repräsentirt gewesen. Die Umänderung in das bei der Wasserbehandlung gewöhnliche Bild, wie es auch Metzler und Göden schildern, geschieht alle Male ohne irgend eine Schwierigkeit sowohl bei den leichteren, wie bei den schweren und schwersten Fällen, gleichviel ob sie von Anfang an in Behandlung sind oder erst später in Behandlung kommen. Die Mundschleimhaut ist bei den ersteren nie trocken, bei den letzteren schnell feucht geworden ohne Ausnahme, eine Typhuszunge, Belag der Zähne und Lippen u. s. w. ist mir seit Jahren eine *terra incognita*. Die in allen Fällen (ausgenommen Nr. 1/45) anwesende Diarrhöe verliert sich gewöhnlich bald, längeres Andauern ist Ausnahme (Nr. 8/52, 9/53), doch kommt sie vor und geschieht es, so ist sichtbarer Kräfteverfall und Blasswerden des Kranken die natürliche Folge. Ist vorher ein Emetikum oder ein Laxanz gereicht, so hält es gewöhnlich schwerer, die Diarrhöe zu beseitigen (Nr. 8/52), ja

diese wird sogar so profus und hartnäckig, die übrigen Darmerscheinungen, der ganze Zustand so drohend, wie man ihn
nur in den schwersten Formen beobachtet. Mit dem Fall
8/52 zusammen behandelte ich einen zweiten, der ebenfalls ein
Brechmittel genommen hatte, mit *Aqua Chlori* etc., also medi-
kamentös. Auf keine Weise war es zu ermöglichen, die Diarrhöe
gänzlich zum Schweigen zu bringen. Ich übersandte desshalb
und um der besseren Pflege willen den Kranken dem hiesigen
Krankenhause, aber auch dort scheint man nicht glücklicher gewesen zu sein, denn, obwohl dieser Typhus im Allgemeinen
einen milden Charakter zeigte, Brusterscheinungen ganz fehlten
und die von Seite des Gehirns nur unbedeutend waren, erlag
er doch schliesslich der Krankheit. — Der Meteorismus bleibt
im Allgemeinen auf einer niedrigen Entwickelungsstufe. In den
Fällen 3/47 und 8/52 höher entwickelt, weicht er doch der
Wasserbehandlung nach verhältnissmässig kurzer Zeit. —
Blutungen sind mir dies Mal nicht vorgekommen.

Die Urinexkretion hat in allen Fällen das interessante
Verhalten beobachtet, wie ich es in der Abhandlung geschildert
habe. Anfänglich braun, saturirt, in geringer Menge abgeson-
dert, wird der Urin, wenn erst das Fieber niedergeworfen ist, blass, und erscheint in grösserer, selbst in enormer
Menge bis zu 3000 C. C. und darüber. Diese Umwandlung in
quantitativer Richtung ist in allen Fällen ein äusserst wich-
tiges prognostisches und diagnostisches Zeichen. Mit seinem
Erscheinen ist nicht allein anzunehmen, dass jede Gefahr verschwunden ist, sondern auch dass die Rekonvalescenz in Kurzem
eintreten wird, oder auch schon eingetreten ist; lässt es länger
auf sich warten, so hat man sich zu fragen, ob bei der Behandlung nicht Fehler gemacht sind. Bleibt es ganz aus, so ist
die Prognose eine sehr schlimme oder die Diagnose eine
falsche — in zweifelhaften Fällen ein Zeichen von höchster
Bedeutung. Während dieses Jahres sind mir zwei solcher
Fälle vorgekommen. In dem einen gehört das Typhusbild
allgemeiner Tuberkulose an, die nach 6 Monaten den Tod herbeiführt, in dem andern klärt sich die Diagnose nie. Leider durfte
ich die Obduktionen nicht vornehmen, ich würde sonst nicht

säumen, die höchst interessanten Bilder *in extenso* anzuführen.

Göden nimmt in Bezug auf die Bedeutung der Veränderung der Urinexkretion eine andere Stellung ein. Er meint, dass derselben nur manchmal eine kritische Bedeutung beizulegen sei. Besser würdigt dieses Verhältniss Metzler, der mit mir annimmt, dass aus der Beschaffenheit der Urinexkretion ein Rückschluss auf den Stand der Funktionsfähigkeit der Organe überhaupt erlaubt sei. Wer nach meiner Methode mehr Fälle behandelt, muss sich bald von der Wichtigkeit dieser Verhältnisse in prognostischer und diagnostischer Beziehung überzeugen. Gleichwie sie mir die werthvollsten Anhaltspunkte für mein Handeln geben, so werden sie Jedem bald unentbehrlich werden. Dr. Förster, der Referent über meine Abhandlung in Schmidt's Jahrbüchern, und mit ihm wohl die Meisten, glauben, dass die vermehrte Urinabsonderung auf Rechnung des häufigen Wassergenusses komme, trotzdem ich in der Abhandlung die Grundlosigkeit solcher Annahme nachgewiesen habe. Wer aber, der viele Typhen behandelt, weiss nicht, dass der Genuss der grössten Mengen Wassers bei medikamentöser Behandlung weder die Zunge feucht, noch die Lippen vor der Krustenbildung behüten, noch den Urin klar machen, noch die Sekretion einer grossen Menge hervor- rufen kann?

Die Menstruation stellt sich bei Nr. 3/47 nach 8 Wochen, bei Nr. 12/56 nach 16 Wochen wieder her.

In den nun folgenden Krankheitsbildern mag man Muster- exemplare von Abdominaltyphen sehen, sowohl was das Bild im Allgemeinen, als was die Behandlung betrifft.

8/52 Fall. Hartmann, 18 Jahre alt, kräftig, vollblütig, vorher niemals krank, erhält, weil Magenverderbniss vorhanden sein soll, am 3. Mai 1862 ein Brechmittel aus Ipekakuanhapulver und Brechweinstein, das viel Galle zu Tage fördert, aber starke Diarrhöe hervorbringt. Am 5. treffe ich ihn in heftigem Fieber, grosser Hitze (32,₅°); Schweiss, Puls 128, trockene Zunge, aufgetriebener schmerzhafter Leib, ver- grösserte Milz. Ord. Aq. Chlori, Leibkompresse. Diät. Am 6. *status idem.*

7. Mai (5 Tag). Nach schlechter Nacht typhomanisches Aussehen, Umnebelung der Sinne, heftiges Fieber, Temp. 33,₀°, Sprechen erschwert,

Delirien. Leib stärker aufgetrieben, Diarrhöe im Zunehmen. Ord. Abreibungen, keine Medizin.

8. Mai (6 Tag). 4 Exacerbationen = 4 Abreibungen. Nacht
ruhiger, etwas Schlaf, Delirien. Temp. 32—32,₈°. Puls 95. Zunge weiss,
schleimig, an den Rändern roth. Leib sehr stark aufgetrieben. 15 Mal
Diarrhöe. Ord. Klystiere.

9. Mai (7 Tag). *Status idem*. Diarrhöe 6 Mal. Leib kleiner, hart.
Ord. Halbbad mit Begiessung, Kompressen etc.

10. Mai (8 Tag). 3 Exacerbationen = 3 Halbbäder. Diarrhöe sehr
hartnäckig, 12 Mal, hie und da in's Bett. Aussehen weniger typhomanisch,
blass. Puls 96. Ord. Zwischen den Halbbädern Abwaschungen; nähr-
hafte Kost.

11. Mai (9 Tag), 7 Stühle, Puls 96, Temp. 31,₈°, viel Schlaf,
keine Delirien.

12. Mai (10 Tag). Grössere Hitze, geröthetes gelbes Antlitz, erschwertes Sprechen, Puls unregelmässig, 96; 7 Stühle, Leib stark aufgetrieben.

13. Mai (11 Tag). Zustand sehr beunruhigend, wenn auch mehr
Ruhe und Schlaf. 13 Stühle.

15. Mai (13 Tag). Eintritt der Besserung. Nachlass der Diarrhöe,
des Fiebers (30,₈°), der Auftreibung des Unterleibs, des typhomanischen
Aussehens. Zunahme der Urinmenge. 3 Stühle. Hat ohne mein Wissen
Flusswasser getrunken, das mit allem Möglichen verunreinigt ist; von
heute ab Quellwasser. Nur 2 Halbbäder nöthig.

17. Mai (15 Tag). Besserung schreitet vorwärts. Guter Appetit.
Kräfte kehren zurück.

21. Mai (19 Tag). Nur ein Bad nöthig. Furunkel treten auf.
Ungarwein.

1. Juni (30 Tag). Genesung und Abreise in die Heimat.

9/53 Fall. Canold, 17 Jahre alt, Kaufmann, von kleiner Statur,
mager, aber von energischem Charakter, bisher niemals krank, fühlt sich
einige Tage unwohl, ohne sich dadurch vom Arbeiten abhalten zu lassen.
Auch heute (12. Dezbr. 1861), wo die Anwesenheit des Typhus keinem
Zweifel mehr unterliegt, kostet es Mühe, ihn im Bett und von dem gewohnten Gang zur Arbeit zurückzuhalten.

Typhomanisches Aussehen, Taumeln beim Stehen und Gehen, heisse
trockene Haut, rothe trockene Zunge, leichte Auftreibung des Leibes,
Anschwellung der Milz, dünner Stuhl. Puls reizbar, über 100 Schläge,
viel Durst. Ord. Einpackungen und Abreibung, Kompressen, Diät. Weil
der Kranke darauf besteht, Medizin zu nehmen = Gummischleim in
Wasser.

13. Decbr. (2 Tag). In der 3. Einpackung tritt schon Frost ein.
Vor Mitternacht wenig Hitze, nach Mitternacht um so mehr = Abreibung.
Dünner Stuhl. Heute Morgen Temp. 33,₈° Puls 104. Halbbad mit Be-

giessung von 23 und 14°. Nachm. 4 Uhr: Temp. 33,₂°. Puls 112. Bad. 10 Uhr Abends Temp. 32,₈°. Bad. Nach demselben Frost und Schlaf. 3 dünne Stühle.

14. Decbr. (3 Tag). 4 Uhr Morg. Exacerbation = Bad. Schlaf. 9 Uhr Morgens: Temp. 32,₀°, Puls 96; Urin 860 C. C., schleimiger Bodensatz. Etwas Husten. Leib stärker aufgetrieben, Milz verdeckt. Zunge schleimig belegt, starker Geruch aus dem Munde. Stuhl sehr dünn. — 11 Uhr: Temp. 32,₄°, Puls 104 = Bad. 4 Uhr: Temp. 32,₆° = Bad. Abends 9 Uhr: Temp. 33,₀°, Puls 104 = Bad.

15. Decbr. (4 Tag). In der Nacht wenig Schlaf, um 2 Uhr Exacerbation = Bad. 9 Uhr: Temp. 32,₂°, Puls 100, Urin 1600 C. C., blass, kein Sediment. 11 Uhr Exacerbation = Bad. 4 Uhr: Temp. 32,₄°, Puls 104 = Bad. 9 Uhr: Temp. 32,₆° = Bad. 4 Stühle, dünn, wässrig.

16. Decbr. (5 Tag). Um 2 Uhr Exacerbation = Bad, wenig Schlaf. 9 Uhr Morgens Exacerbation (Temp. 32,₄°, Puls 108) = Bad. Urin 1650 C. C. Puls 90. 4 Uhr: Temp. 32,₄°, Puls 104 = Bad. 9 Uhr Exacerbation = Bad.

17. Decbr. (6 Tag). 4 Exacerbationen = 4 Bäder. 4 dünne Stühle. Nacht etwas ruhiger. Aussehen besser. Temp. 32—32,₈°, Puls um 100. Urin 2200 C. C.

18. Decbr. (7 Tag). *Status idem.* Mehr Schlaf. Urin 2250 C. C.

19. Decbr. (8 Tag). Der Puls sinkt auf 88 Schl. Temp. 32,₀°. Viel Schlaf. Immer noch 4 Exacerbationen. Nur 2 Stühle.

20. Decbr. (9 Tag). Temperatur sinkt auf 31,₆° (ausser der Exacerbationszeit). Puls 88—96. Urin 3000 C. C. Stuhl sehr dünn, 2 Mal.

21. und 22. Decbr. (11 Tag). *Status idem.* Die Erscheinungen viel milder, Ausschlag zeigt sich. Doch immer noch 4 Bäder nöthig = Temp. 23 und 18°.

24. Decbr. (13 Tag). Besserung eingetreten, verlässt das Bett. Temp. 31,₈—32,₀°, Puls 86—90 Schl. 2 Stühle, Urin 2000—3000 C. C. Gehirnerscheinungen verschwunden, etwas Husten. Appetit. Nur 3 Exacerbationen, die nächtliche fällt aus.

26. Decbr. (15 Tag). Alles in Ordnung, nur der Stuhl noch dünn und Leib etwas aufgetrieben. 2 Exacerbationen = 2 Bäder. Ungarwein.

28. Decbr. (17 Tag). Stuhl consistenter. Starker Appetit.

31. Decbr. (20 Tag). Furunkeln treten auf. Temperatur zu den Bädern höher 28 und 23°, weil Aufregung und Schlaflosigkeit auf die kühleren folgen. 2 Bäder täglich, Nachm. und Abends. Nahrhafte Kost.

6. Januar (26 Tag). Genesung und Abreise nach der Heimat, die gegen 50 Meilen von hier entfernt ist, unter Schneegestöber und bei einer Kälte von —6°. Zunahme des Körpergewichts daselbst: 11. Jan.: 69 Pfd., 12. Jan. 70½, 14. Jan. 72¼, 15. Jan. 74, 16. Jan. 74⅜, 18. Jan. 75¼, 21. Jan. 76⅜, 22. Jan. 78¼, 23. Jan. 78½, 24. Jan. 79¼, 26. Jan. 80⅞. Pfd.

10/54 Fall. Laura Kabelitz, 14 Jahre alt, bisher gesund, noch nicht menstruirt, wird in Berlin vor 10 Tagen inficirt. Die Krankheit beginnt mit Frösteln und allgemeinem Unwohlsein. Auf gereichte Pulver entsteht Diarrhöe. Gestern hierher gebracht, zeigt sie heute 16. Oktb. 1861 typhomanisches Aussehen, noch erträglich guten Kräfte- und Ernährungszustand, schwitzende Haut, Puls 120—130, Temp. 32,0°, erschwertes Hören, Klagen über Kopfschmerz, Delirien. Zunge, roth, trocken, Lippen und Zähne mit Krusten bedeckt, Milz geschwollen, Quatschen in der Ileocöcalgegend, Auftreibung des Leibes. Keine Roseola. Wie viele Exacerbationen vorhanden sind, ist unbekannt. Ord. Nasse Abreibung (wegen Anwesenheit des Schweisses), dann Halb- bäder mit Begiessung, Kompressen, Diät u. s. w.

17. Octbr. (11 Tag). Drei Exacerbationen = 3 Bäder. Puls 124—128, Temp. 31—32,0°. Viel Schweiss. Schlaf. Die Krusten von den Lippen und Zähnen verschwunden. Urin 1550 C. C.

18. Octbr. (12 Tag). Puls 124—140. Temp. dieselbe. Urin 2000 C.C. In der Nacht viel Hitze, wenig Schlaf. Drei dünne Stühle.

19. Octbr. (13 Tag). Puls über 130. *Status idem.*

20. Octbr. (14 Tag). 4 Bäder nöthig.

21. Octbr. (15 Tag). Puls 120—128. Temp. zwischen 31 und 32,0°. Schlaf besser, wenig Unruhe. 2 dünne Stühle. Abmagerung gross. 4 Bäder.

22. Octbr. (16. Tag). Puls 120. Temp. zwischen 30,8° u. 31,8° Urin 1500 C. C. 1 dünner Stuhl. Aussehen nicht mehr typhomanisch.

23. Octbr. (17. Tag). Puls 96—112, Temp. 30,8°. Urin 2000 C. C. Eintritt der Besserung. Diarrhöe fort. 3 Bäder.

24. Octbr. (18. Tag). Puls nicht über 100, Temp. 30,0°. Urin 2500 C. C. Leichter Ausschlag. Etwas Husten. Wohlbefinden. 2 Bäder von 28 und 18°.

31. Octbr. (25. Tag). Genesung.

F i e b e r. Die frühzeitige bedeutende Erhöhung der Körpertemperatur ist ein werthvolles Zeichen des Typhus. Ausser ihm zeigen nur noch wenige Krankheiten eine so mächtige Wärmeentwicklung gleich im Beginn der Erkran- kung. Unter diesen wenigen stehen die akuten Exantheme obenan. Wo es sich fragt, ob Typhus oder fieberhafter Magenkatarrh (gastrisches Fieber), giebt desshalb das Ther- mometer schnellen und sicheren Aufschluss. Unterstützt wird die Diagnose durch das Auftreten der Exacerbationen und Remissionen des Fiebers, die zwar durch einfache Beobachtung erkannt werden können, aber in aller Schärfe erst mittelst des Thermometers nachgewiesen werden. Unter Umständen kann auf die excessive Temperaturerhöhung und die mehrmaligen Fieberexacerbationen in 24 Stunden die Diagnose auf Typhus gegründet werden.

Die Wasserbehandlung wirkt so zu sagen klärend auf diese Verhältnisse, indem Remission und Exacerbation sich so scharf trennen, dass ein Jeder ohne Mühe den Bestand der einen oder andern erkennen kann. Man bedarf hierzu niemals des Thermometers. Die Röthung der Wange ist in allen Fällen und ausnahmslos ein untrügliches Zeichen des Entstehens oder Vorhandenseins der Exacerbation, während in der Remissionszeit das Antlitz des Kranken gewöhnlich blass ist. Auf solche Weise wird die Wasserbehandlung auch ein diagnostisches Hülfsmittel. Diese scharfe Trennung der Exacerbationen und Remissionen muss in jedem Falle vorhanden sein, wenn die Behandlung richtig durchgeführt ist; ist sie also nicht in aller Klarheit gegeben, so weiss der Arzt, was er von seiner Behandlung zu halten hat. Wenn die Wasserbehandlung erst in späterer Zeit zur Verwendung kommt, nachdem die Medikamente den Dienst versagt haben, so hält es gewöhnlich schwerer, diese Ordnung der Dinge herbeizuführen, schliesslich ist es aber immer der Fall selbst dann, wenn der Ausgang ein ungünstiger sein sollte.

Es leuchtet ein, welch wesentlicher Vortheil aus diesem Verhältniss dem Behandelnden erwächst, wie sehr dasselbe geeignet ist, ihm seine Mühe zu erleichtern, ihm die Sicherheit in der Behandlung zu geben, die bei einer Krankheit, wie der Typhus, so sehr tröstlich ist. Da es darauf ankommt, die Exacerbationen zu verhüten, diese aber nicht immer an eine bestimmte Zeit sich binden, so ist es mindestens bequem, dem Personal die Verordnung geben zu können, dass gebadet werden muss, sobald die Röthung der Backe kommt, ein Zeichen, das der Ungeschickteste nicht verkennen kann.

Die grössere oder geringere Temperaturerhöhung im Anfang und die grössere oder geringere Mühe, die erforderlich ist, sie herabzusetzen, haben gewissermaassen prognostischen Werth. Je höher die Temperatur, je grösser die Schwierigkeit, sie zu vermindern, desto schwerer ist der Verlauf zu erwarten.

In allen Fällen hat sich mir auf's Neue herausgestellt, dass, wie auch die theoretische Anschauung es verlangt, der Anfang der Erkrankung für den Arzt das richtige Feld der Untersuchung und zum Kampfe ist. Auch Göden und Metzler ist dies klar geworden und wird schliesslich Jedem klar werden müssen. Wenn meine Anschauung die richtige ist (was wohl bald keinem Zweifel mehr unterliegen wird!), dass von der Höhe des Fiebers der Grad der Blutzersetzung, also der Charakter des Typhus, sein Verlauf und Ausgang abhängen, so muss, so kann es nur darauf ankommen, das Fieber gleich im Anfang niederzuwerfen, ehe noch mit dem Blute wesentliche Veränderungen vorgekommen sind. Auch ist es nur um diese Zeit möglich. In späterer Periode, wo die Blutzersetzung vorgeschritten, Gehirn und Nervensystem alterirt, die Funktionsfähigkeit der Organe fast aufgehoben ist, wo Lokalerkrankungen bestehen, kann die Beseitigung des Fiebers, auch wenn sie möglich wäre, durchgreifenden Nutzen nicht gewähren, ist die Aufgabe des Arztes eine complicirte, wird der Erfolg immer ein mehr zweifelhafter sein.

Ich läugne, dass man den Typhus zu coupiren — bis jetzt — im Stande ist und zwar desshalb, weil die Fälle Anderer, die dies beweisen sollen, niemals sichere Diagnose zulassen, ferner weil sich mir herausgestellt hat, dass eigene Fälle, welche dies beweisen könnten, indem sie scheinbar nach einigen Tagen schon in Genesung übergehen, bei genauer Beobachtung und Controle mit dem Thermometer in der That länger dauern, als es den Anschein hat. Denn obgleich die Kranken sich wohl zu befinden angeben, obwohl sie thun und lassen können, was ihnen gut und angenehm däucht, obwohl sie selbst im Stande sind, ihrer Beschäftigung nachzugehen, so zeigt doch das Thermometer, dass die Temperatur nicht ganz die normale ist, dass immer noch leise Andeutungen von Exacerbationen vorhanden sind, mit einem Worte, dass der Typhus eben nur sehr gelinde, dem Kranken nicht fühlbar, latent verläuft — für mich eine Aufforderung, auch in den scheinbar leichtesten, coupirten Fällen eine gewisse Vorsicht nicht ausser Augen zu lassen. Hin und wieder geschieht es, dass solche scheinbar genesene Fälle mit einem Male wieder zu grosser Mächtigkeit emporflammen. Der Fall 34. meiner Abhandlung ist ein sprechendes Beispiel. In der That lässt sich auch nicht denken, dass durch die äusserliche Anwendung des Wassers das Typhusgift, ein Ferment, kann schleunigst wieder aus dem Körper entfernt werden, im Gegentheil, es muss angenommen werden, dass das Wasser auf das Typhusgift selbst nicht den geringsten Einfluss besitzt. Der Organismus aber, welcher die Ausscheidung besorgen muss, wird hierzu immer einiger Zeit bedürfen. Sollte es mit der Zeit wirklich dahin kommen, dass das Coupiren möglich wird, so kann das betreffende Mittel nur ein medikamentöses sein. Immerhin aber dürfte bis dahin noch einige Zeit vergehen.

Wie wichtig es ist, stürmisch beginnende Erkrankungen von Vorneherein mit aller Macht zu bekämpfen, lehren die Fälle, die tödtlich enden, noch ehe materielle Veränderungen durch den Krankheitsprozess gesetzt sind. Dass es möglich ist, auch den heftigsten Fiebersturm zu beschwören, zeigt folgender Fall, der in Anbetracht der Reizbarkeit und Schwächlichkeit des Kranken nur eine üble Prognose zulässt, aber doch unerwartet schnell einen günstigen Verlauf nimmt.

11/55 Fall. Friedrich Flügger, 6 Jahre alt, ein lebhafter, doch schwächlich gebauter Knabe erkrankt nach mehrere Tage dauernden Vorboten am 15. Juni 1861 mit Frost, an den sich heftiges Fieber anschliesst: geröthetes, heisses Gesicht, Puls 120, viel Durst, rothe, leichttrockene Zunge, geschwollene Milz, Auftreibung des Leibes. Da man den Ausbruch eines akuten Exanthems erwartet = Saturation. Am 16. Zunahme des Fiebers, Delirien = 2 Dosen Calomel von 5 Gran. Trotz desselben, auf welches zwei dünne Stühle erfolgen, fortwährendes Steigen der Erscheinungen: Eingenommenheit des Kopfes, Betäubung, enorme Hitze, Puls 140, Trockenheit der Zunge, grössere Auftreibung des Leibes bis zur Verdeckung der Milz, Schlaflosigkeit. Husten. Ord. Halbbäder 23 und 14°, Kompressen, Diät.

18. Juni (3 Tag). Gegen das Bad sehr empfindlich, ungeberdig; starke Erschütterung, nachher Frost, Unruhe, desshalb höhere Temperatur der Bäder 26 und 18°. 3 Exacerbationen = 3 Bäder.

19. Juni (4 Tag). Geringer Nachlass in den Erscheinungen, Ruhe und etwas Schlaf, geringeres Fieber, Puls 112. Husten stärker, Schmerz im linken Hypochondrium, Leib sehr gespannt und bei der geringsten Berührung schmerzhaft. Grosse Reizbarkeit.

20. Juni (5 Tag). Gehirn fast frei, dagegen Brustsymptome viel stärker, fortwährender Husten, trocken, schmerzhaft. Unterleib weniger empfindlich.

21. Juni (6 Tag). Brustsymptome merkwürdig: Stunden lang Husten, dann wieder eben so lang nicht einmal Anstossen, z. B. die ganze Nacht nicht. In der Lunge nichts Abnormes nachzuweisen. Unterleib besser. Kopf frei. Haut feucht. Temp. 32,0°.

22. Juni (7 Tag). Brustsymptome lassen nach, die Auftreibung des Unterleibs verliert sich, Appetit findet sich ein. Zunge rein. Eintritt der Besserung.

23. Juni (8 Tag). Verlässt auf kurze Zeit das Bett.

28. Juni (13 Tag). Genesung.

In allen 26 Fällen ist es mir gelungen, mit dem ersten Eingriff die Temperatur im Allgemeinen herabzusetzen und die Exacerbationen zu verhüten oder zu bekämpfen. Nur selten kam es vor, dass die Temperatur wieder auf kurze Zeit zu der früheren Mächtigkeit emporflammte oder eine Exacerbation der Aufmerksamkeit meiner Wärter echappirte; grössere Sorgfalt liess den Schaden dann bald wieder ausgleichen. Eine gewisse Routine gibt die Mittel an die Hand, Verlegenheiten zu vermeiden, über die sich Göden beschwert. Ueberrascht z. B. eine Exacerbation den Wärter zu einer ungewöhnlichen Zeit, und fehlt es an warmem oder überhaupt an Wasser zum Bade, so wird er den Kranken nicht seinem Schicksal überlassen, bis die Vorbereitungen getroffen sind, sondern mit fortwährenden Abwaschungen und häufig gewechselten, grossen, kalten Leibkompressen die Exacerbation bis zur Herstellung des Bades bekämpfen und so den üblen Eindruck vermeiden, den ein auf der Höhe der Exacerbation gegebenes Bad hervorzubringen pflegt. Eher wird er einmal kühler baden und weniger bequem, als den Inkonvenienzen sich aussetzen, die ein Versäumniss mit sich bringt, von dem Grundsatz ausgehend, dass von zwei Uebeln das kleinere gewählt werden muss.

Die Nothwendigkeit, jede Exacerbation zu verhüten, wiederhole ich den Wärtern immer und zu jeder Zeit. Dieselben müssten auch für ihr Amt völlig untauglich sein, wenn sie nicht nach Behandlung weniger Kranker den

Vortheil, den die Einhaltung dieses Behandlungsprinzips gewährt, einsehen würden.

Obwohl zur Durchführung der Behandlung die Messung der Körpertemperatur mittelst des Thermometers nicht gerade nothwendig ist, da die rothe Backe von dem Eintritt der Exacerbationen, ihrer Zahl und Mächtigkeit, der Zustand des Gehirns von der Höhe der allgemeinen Körpertemperatur Zeugniss giebt (der Puls und das Zufühlen mit der Hand geben durchaus keinen sicheren Aufschluss!), so versäume ich doch schon um der Vollständigkeit der Beobachtung willen nie, Temperaturmessungen vorzunehmen. Ich benutze hierzu vortrefflich gearbeitete Instrumente von C. F. Schultz aus Stettin und von Dr. Greiner aus Berlin. Indessen sind diese sehr theuer, das Stück kostet 5 Thaler. Neuerdings habe ich mir auch ein in Zehntelgrade getheiltes Instrument von J. F. Osterland in Leipzig angeschafft, das nur 1 Thlr. 15 Sgr. kostet und dem Endzweck vollkommen entspricht. Die geringere Eleganz nimmt ihm nichts von seinem sonstigen Werthe. Ich messe immer in der Achselhöhle, genau darauf achtend, dass die Kugel allseitig von den Wänden der Achselhöhle umschlossen wird; ist das Instrument richtig placirt, so steigt nach 10 Minuten das Quecksilber nicht weiter.

Die Frage, welche ich in der Abhandlung gestellt habe, ob es wohl möglich sein dürfte, durch irgend ein Verfahren die Nebenexacerbationen ganz wegfallen zu machen, also so continuirlich und energisch zu kühlen, dass das Steigen der Temperatur nach den Bädern verhindert wird und Temperaturerhöhung nur in den Hauptexacerbationszeiten vorkommt, habe ich noch nicht zu lösen vermocht, da sie sich nur in einem Hospitale lösen lässt, ich aber das meinige, wie gesagt, nicht mehr besitze. In der That lässt sich ein plausibler Grund nicht denken, warum sich eine solche Einwirkung auf die Temperatur nicht herstellen lassen sollte. Es handelt sich nur darum, ein Verfahren aufzufinden, das solche allgemeine continuirliche Abkühlung ohne grosse Unbequemlichkeiten für den Kranken gestattet. Vielleicht ist das lauwarme Vollbad ein solches Mittel, von dem man weiss, dass Haut- und Geisteskranke Tage lang in ihm ohne Nachtheil verweilen können.

Der Puls giebt bei der Wasserbehandlung des Typhus durchaus nicht den Maassstab für die Beurtheilung des Standes der Krankheit, wie gewöhnlich. Das hat sich in den schwereren Fällen aufs Neue gezeigt. Nicht selten übersteigt er kaum die Normalhöhe, man muss glauben, einen leichten Fall vor sich zu haben und doch entwickelt sich mit einem Male ein äusserst gefahrdrohendes Bild, — ein ander Mal findet man, besonders bei langer Dauer der Krankheit, bei weit Heruntergekommenen u. s. w., einen überaus raschen Puls von 130, ja bis zu 160 Schlägen, ohne dass die übrigen Symptome congruirten und der Ausgang ihm entspräche. Bei Konferenzen bereitet mir dieses Verhältniss nicht selten Verlegenheiten. In den Fällen 3/47, 4/48, 12/56 und 13/57 musste nach ihm die Prognose ungünstig gestellt werden, während ich selbst die feste Ueberzeugung auf einen endlichen glücklichen Ausgang hegte. Seine Stelle für die Beurtheilung des eben existirenden Zustandes nehmen viel besser die Beschaffenheit des Gehirns und Nervensystems und die der Urinexcretion ein, welche Zeugniss giebt von der mehr oder minder vollständigen Funktionsfähigkeit der Organe.

Durst ist, wie auch von den früheren Fällen berichtet wurde, nur dann vorhanden gewesen, wenn die Behandlung hinreichend frühzeitig begonnen und das Bewusstsein ungetrübt erhalten war. In später zur Behandlung gekommenen Fällen äusserten die Kranken ihn so wenig, wie es beim Typhus überhaupt der Fall zu sein pflegt, seien auch Zunge und Gaumen noch so trocken.

In keinem der Fälle liessen die Vortheile der Wasserbehandlung des Typhus, so weit sie das Fieber betreffen, auf sich warten. Die Kräfte blieben vortrefflich erhalten. Abgesehen davon, dass alle Kranken während der Krankheit selbst sich die nöthigen Hülfen gewährten und kaum in die Rekonvalescenz eingetreten im Stande waren, sich in freier Luft zu ergehen, ist es vorgekommen, dass einer (Nr. 9/53) bei harter

Winterkälte unmittelbar aus dem Krankenzimmer die gegen 50 Meilen weite Reise nach der Heimat ohne Nachtheil zurücklegte. Ein anderer (Nr. 8/52) machte dasselbe Experiment, wenn auch unter günstigeren Umständen. Das Körpergewicht sank im Allgemeinen wenig, nur in den Fällen Nr. 8/52 und 9/53, wo die Diarrhöe länger anhielt, bedeutender, stieg aber im Rekonvalescenzstadium fast schneller als es gesunken war. Die Funktionsfähigkeit der Organe blieb, wenn die Kranken von Anfang an behandelt waren, erhalten; wenn später — kehrte sie zurück, sobald erst das Fieber niedergeworfen war. Klärte sich der vorher braune, in geringer Menge abgesonderte Urin und nahm an Quantität zu, so zeigte sich gewöhnlich bald auch der Appetit, verlor sich die Diarrhöe und secernirte die Haut reichlicher.

Verlauf, Dauer und Ausgänge. Der Verlauf des Prozesses ist mit wenigen Ausnahmen in allen Fällen, die von Anfang ab behandelt sind, derselbe. Nach den ersten Prozeduren wird die allgemeine Körpertemperatur herabgestimmt und stellt sich der Zustand her, den ich oben mit Klärung des Bildes bezeichnet habe d. h. die Remissionen sowohl, wie die Exacerbationen treten in grösserer Schärfe hervor. Die Gehirnsymptome lassen nach, die Betäubung verliert sich, die Funktionsfähigkeit fängt an zurückzukehren. Nach kürzer oder länger dauerndem Kampfe zwischen Fieber und Behandlung verschwinden zuerst die Nebenexacerbationen, erst später lassen die Hauptexacerbationen an Zahl und Mächtigkeit nach. Unter kritischen Bestrebungen, meist von Seiten der Haut in der Form von Furunkeln, selten von Schweiss, aber auch von Seiten innerer Organe z. B. der der Nieren als Urinkrise, tritt endlich die Rekonvalescenz ein, welche sich durch ungewöhnlich kurze Dauer auszeichnet. Die Erhaltung der Kräfte in Folge des Ausbleibens von Ausscheidungen, der Fortdauer des Appetits und der Verdauungskraft, also der nie ganz unterbrochenen Ernährung, der künstlichen Unterdrückung des Fiebers gestatten sogleich die Rückkehr in die gewohnten Lebensverhältnisse und eine Thätigkeit, die in Bezug auf Leistung nicht allzusehr von dem Gewohnten sich unterscheidet.

Haben Diarrhöen länger bestanden (6/50, 8/52, 9/53), so
dauert die Erholungszeit selbstverständlich etwas länger.

Der Verlauf bei der Wasserbehandlung unterscheidet sich
mithin von dem bei andern Behandlungsmethoden wesentlich.
Während bei ihr die Intensität der Krankheit vom ersten Beginn des Einschreitens ab stetig abnimmt, steigt sie im Gegentheil bei den andern meist im cyklischen Verlaufe zu einer
Akme empor, um dann entweder unter kritischen Erscheinungen
günstig, oder ohne dieselben ungünstig zu enden, oder sie geht
auch in Nachkrankheiten über. Dieser Unterschied im Verlaufe charakterisirt den Werth der Wasserbehandlung hauptsächlich.

Bei den Fällen, die erst später zur Behandlung gelangen,
ist, wenn überhaupt noch die Möglichkeit auf Rettung besteht,
der Verlauf nicht viel anders. Die Intensität und Zahl der
Symptome nimmt sogleich ab. Den Reigen eröffnen die von
Seite des Gehirns, dann folgen die Unterleibssymptome, die
von Seiten des Gefässsystems und zum Schlusse die am
meisten hartnäckigen Brusterscheinungen. Der Zeitraum, in
dem diese Veränderungen vor sich gehen, hängt hauptsächlich ab
von der Zahl, Natur und Ausbreitung der lokalen Affectionen.
Unter den behandelten Fällen findet sich einer, welcher in
seinem Verlaufe manche Abweichung erkennen lässt. Man
könnte ihn einen chronischen Typhus nennen, weil die Ab-
lagerungen in verschiedenen Zeiträumen geschehen mit deutlich
ausgeprägten Intermissionen. Natürlich droht während der
3. Periode, der heftigsten von allen, ausserordentliche Lebensgefahr. Wenn auch mit Mühe, gelingt es doch, vollständige
Heilung ohne jegliche Nachkrankheit herbeizuführen.

12/56 Fall. Marie Piper, 16 Jahre alt, ein bisher gesundes, wenn
auch schmächtig gebautes Mädchen, erkrankt bei einem Besuch auf dem
Lande mit allgemeinem Unwohlsein, wird homöopathisch behandelt und
nach etwa 14 Tagen fiebernd, blass, abgemagert hierher gebracht am
21. Juni 1861. Das Continuirliche des Fiebers, die regelmässig 2 Mal
am Tage eintretenden Exacerbationen, leichtes Deliriren, die Neigung
zu Diarrhöe lassen die Anwesenheit eines typhösen Prozesses nicht verkennen, wenn auch die Erscheinungen einen gewissen mittleren Grad nicht
übersteigen. Warme Bäder mit Begiessung führen schnell Besserung

herbei. Schon am 29. finde ich sie aufrecht sitzend im Bett, mit Handarbeit beschäftigt. Am nächsten Tage jedoch, ohne dass mir je die Veranlassung bekannt wurde, stellt sich heftiges Fieber, typhomanisches Aussehen, Phantasiren und unendliche Schwäche ein, so dass nach einigen Tagen — bei der bestehenden Blutleere und der nun schon langen Dauer der Krankheit — das Uebersiedeln der Kranken nach der Wasserheilanstalt Schönsicht als das ultimum refugium erscheinen muss (8. Juli). Daselbst steigern sich die Erscheinungen in allen Systemen. Das heftigste in täglich 3 und 4 Exacerbationen aufflammende, kaum zu bewältigende Fieber, Delirien, Phantasieen, Bewusstlosigkeit, starker Brustkatarrh, Diarrhöen und die entsetzlichste Abmagerung machen das Krankheitsbild zu einem der trostlosesten, die ich je gesehen. Exakte Bekämpfung der Exacerbationen jedoch durch Halbbäder mit Begiessung, treue Pflege, nahrhafte Kost und die kräftige Luft, welche auf den Höhen weht, wo jene Anstalt liegt, lassen alle Hindernisse überwinden und führen (Mitte August) schliesslich die volle Gesundheit zurück, ohne dass auch nur einmal — trotz so günstiger Bedingungen — Dekubitus entstanden wäre.

Die Dauer der Krankheit wird von Metzler angegeben auf 14—20 Tage und wird dabei ausdrücklich erwähnt, dass selbst die schwersten Fälle in so fabelhaft kurzer Zeit verliefen. Ich selbst habe in der Abhandlung die mittlere Totaldauer auf 30 Tage bestimmt. Der Unterschied entsteht wohl dadurch, dass ich, weil es überhaupt schwierig ist, den definitiven Eintritt der vollständigen Genesung positiv auf den Tag anzugeben, lieber die Zeit aus Vorsicht etwas reichlich angenommen habe. Dr. Metzler bestimmt den Eintritt der vollendeten Genesung von da ab, wo die Individuen das Hospital verlassen haben, ich dagegen den veränderten Umständen Rechnung tragend von da, wo sie ärztlicher Behandlung und Aufsicht nicht mehr bedürfen und im Besitz ihrer Kräfte im Stande sind, zu früherer Thätigkeit und Gewohnheit zurückzukehren, gleichviel ob sie es thun oder nicht. Bei dieser für den Typhus unerhört kurzen Dauer kommt es übrigens auf ein paar Tage mehr oder weniger nicht an, selbst wenn sie 6 Wochen betrüge, müsste sie noch, da Nachkrankheiten niemals vorkommen, die Aufmerksamkeit Aller auf sich ziehen.

Diese von mir zuerst erwähnte, von Metzler und Göden nun bestätigte Thatsache ist, wie ich es mir nicht anders dachte, von vielen Seiten mit Misstrauen aufgenommen worden, indem man sie für Uebertreibung und Täuschung hielt, indem man bei der bisherigen Kenntniss des Typhus glaubte, dass dies ganz unmöglich sei. Von heute ab, denke ich, wird man sich des Besseren belehren und von diesem ungerechtfertigten Misstrauen heilen lassen. Diese kurze Dauer bei unglaublicher Vollständigkeit des Erfolges selbst in schweren und schwersten Fällen muss, wie sie mich selbst überrascht hat, ich hoffe es, auch Andere veranlassen, die Behandlung zu prüfen und sie sich zu eigen zu machen. Da sie ausnahmslos in jedem von Anfang ab behandelten Falle eintritt, kann es nicht fehlen, dass Alle, die sich bewogen fühlen, überhaupt eine Prüfung vorzunehmen, dafür gewonnen werden.

Von München aus ist mir der Wunsch zu erkennen gegeben, dass die Thatsache möge durch statistische Zusammenstellung nachgewiesen werden. Leider habe ich die Fälle vor 1858 nicht hinreichend genau aufgezeichnet, um sie verwerthen zu können, einestheils, weil ich nicht ahnte, dass dem Verfahren solche Wichtigkeit innewohnt, anderntheils weil ich nie daran gedacht habe, damit vor die Oeffentlichkeit zu treten. Die Zahl der Fälle ist desshalb, was mich anlangt, geringer als mir lieb sein kann. Indess werde ich das Versäumte nachzuholen versuchen, so weit es eben die Verhältnisse eines praktischen Arztes gestatten. Der Uebersicht halber knüpfe ich unmittelbar an die Abhandlung an.

Nr. d. Falles.	Tag des Eintritts in d. Wasserbehandlung.	Eintritt der Besserung.	Eintritt der Genesung.	Totale Krankheits-Dauer.	Bemerkungen.
1/45	1	14	27	27	
2/46	11	16/4	18/7	18	
3/47	21	27/6	38/17	38	
4/48	8	12/4	26/18	26	
5/49	1	14	23	23	
6/50	5	14/9	28/23	28	
7/51	1	14	36	36	
8/52	5	13/8	30/25	30	
9/53	1	13	26	26	
10/54	11	17/6	25/14	25	
11/55	3	7/4	13/10	13	
12/56	14	42/28	70/56	70	
13/57	9	17/8	25/17	25	
14/58	1	7	15	15	einfacher Typhus. Calomel.
15/59	4	13/9	18/14	18	Gehirnerscheinungen vorwiegend.
16/60	1	9	19	19	do. do.
17/61	1	9	16	16	*Typhus abdominalis.*
18/62	6	14/8	21/15	21	do. do.
19/63	1	9	20	20	do. do.
20/64	3	11/8	21/18	21	do. do.
21/65	2	11/9	23/21	23	do. do.
22/66	1	7	14	14	do. do. hereditäre Syphilis
23/67	2	9/7	16/14	16	do. do.
24/68	2	11/9	17/15	17	do. do.
25/69	17	21/4	28/11	28	einfacher Typhus.
26/70	21	—	36	36	Brust-Erscheinungen vorwiegend, Verdacht auf Lungentuberkulose.

Die mittlere Totaldauer beträgt demnach hier, wie bei den früheren Fällen, gegen 30 Tage und zwar

 1) wenn die Behandlung in den ersten 7 Tagen der Erkrankung begonnen wird 16—21 Tage;

 2) wenn später 21—33 Tage.

Es zeigt sich, wie auch in der Abhandlung schon bemerkt ist, dass die Abkürzung hauptsächlich auf das Rekonvalescenzstadium trifft. Nach der theoretischen Betrachtung kann es auch nicht anders sein. Dem Typhusgifte gegenüber ist man machtlos, nicht aber dem Fieber und seinen Folgen. Indem dieses bekämpft wird, fallen die Folgen weg, unter denen das berüchtigte „Siechthum" die erste Stelle einnimmt. Nachkrankheiten sind in keinem Falle geblieben, nur in Nr. 20/64 ist während des Verlaufes die Unterkieferdrüse angeschwollen und trotz aller aufgewandten Mühe bis heute ein wenig vergrössert geblieben. Dagegen habe ich durch die Krankheit veranlasste Besserung vorher bestehender Abnormitäten zu rühmen. In einem Falle (Nr. 22/66) angeborner Syphilis ist die Gesundheit viel besser hergestellt, als sie vor dem Typhus bestanden hat, in einem andern (Nr. 3/47) giebt sich seitdem eine viel grössere geistige Regsamkeit kund, was ich auch in einem früheren Falle schon beobachtet habe.

Behandlung. Im Allgemeinen habe ich niemals Grund gehabt, von dem aufgestellten Behandlungsschema abzuweichen. Das angeführte diätetische Regimen hat sich in allen Fällen nützlich erwiesen. Flüssige, aber kräftige Nahrung von Anfang ab bei frischer, kühler Luft und entsprechender Pflege, mit dem Nachlass des Fiebers Wein und nach dem Eintritt der Rekonvalescenz Fleischnahrung bekamen den Kranken vortrefflich. Ich kann es jedoch nicht billigen, dass die roborirende und excitirende Methode schon während des Fiebersturmes Anwendung finden, wie es wohl von anderer Seite geschehen ist. Wein und Campher noch während des Fiebersturmes zu reichen, scheint mir Oel ins Feuer giessen, ein Fehler zu sein. Man kann des Guten auch zu Viel thun. Auch das Reichen von fester Nahrung noch vor dem Eintritt der Rekonvalescenz scheint mir weder nöthig, noch nützlich zu sein, unter Umständen sogar gefährlich.

Wo ich irgend konnte, habe ich zum Beginn Einpackungen und Begiessung im Halbbade verwandt, manchmal auch mit dem Halbbade sogleich begonnen; bei Schwächlichen und in kritischen Fällen (3/47, 4/48, 5/49, 11/55) erst mit dem warmen Vollbade und Begiessung zu dem Halbbade vorbereitet, oder habe auch die Behandlung mittelst des Vollbades gänzlich durchgeführt. In Nr. 12/56 konnte ich trotz der nun schon langen Dauer nur mit kühlerer Temperatur und mittelst der Halbbäder zum Ziele gelangen. In 3 Fällen (6/50, 7/51, 16/60) musste ich mich mit nassen Abreibungen und Begiessungen — trotz der Schwere der Erkrankung — begnügen, weil die ärmlichen Verhältnisse ein Mehreres nicht gestatteten.

In den beiden Fällen (25/69, 26/70), die ich auswärts behandelte, haben Abreibungen und Waschungen hingereicht, die Rekonvalescenz einzuleiten.

In 4 Fällen habe ich die Kur mit grossen Dosen Calomel begonnen. Wenn die Diagnose unklar ist und die Verhältnisse die Wasserbehandlung nicht ohne Weiteres gestatten, so liebe ich die Anwendung dieses Medikaments sehr. Grosse Erleichterung für den Kranken, Nachlass des Fiebers und der Gehirnsymptome — für einige Zeit wenigstens, und ein leichterer Verlauf sind die gewöhnliche gute Wirkung desselben. Ein Individuum (Nr. 9/53) wollte durchaus nicht ohne Medizin behandelt sein. Von der *Mixtura gummosa*, die ich ihm desshalb reichen liess, weiss er Wunderdinge zu rühmen.

So empfehle ich denn auf Grund dieses Gesammtberichtes meine Therapie des Typhus der Beachtung der Herren Collegen aufs Neue und Eindringlichste. Alle diejenigen, welche aus irgend einem Grunde näher Kenntniss von ihr nahmen, haben sie als deren würdig erklärt, insbesondere ist in den Recensionen (Schmidt's Jahrbücher, med. chirurg. Monatshefte) ausgesprochen, dass die Hydrotherapie des Typhus mehr Aufmerksamkeit verdient, als ihr bisher gewidmet ist.

In der That liegen die Vortheile, welche mein Verfahren dem Arzte sowohl, wie dem Kranken bietet, auf der Hand. Der Erstere ist durch dasselbe in den Stand gesetzt, jeglicher Typhusform ohne Furcht zu begegnen, Gefahren von dem Kranken entfernt zu halten, die Leiden zu erleichtern, den Verlauf abzukürzen, vor Nachkrankheiten und Siechthum zu bewahren und, wo die Verhältnisse nicht zu ungünstig sind, mit aller Sicherheit vollständige Genesung herbeizuführen. Der Kranke dagegen wird bei der Wasserbehandlung niemals so krank, wie bei der medikamentösen, seine Kräfte bleiben erträglich erhalten und nach kurzer Zeit ist er im Stande, zur gewohnten Beschäftigung zurückzukehren.

Wenn jeder Arzt wollte sich die geringe Mühe nehmen, wenige Fälle, ja nur einen einzigen, streng nach meiner Methode zu behandeln und das Krankheitsbild bei der Wasserbehandlung mit dem erbarmungswürdigen bei der medikamentösen zu vergleichen, wahrlich es könnte nicht fehlen, dass meine Behandlung in Kurzem allgemein acceptirt würde. Es ist grausam und unverantwortlich, die Typhuskranken jetzt noch so schwer leiden zu lassen, wo ein Verfahren angegeben ist, das ihm sein Leiden mildert, abkürzt und die Lebensgefahr ferne hält.

Ich bitte indess, dass bei der Prüfung des Verfahrens Folgendes beachtet wird:

1) Es dürfen nur Fälle verwandt werden, welche sich im Anfangsstadium der Krankheit befin-

den. Dagegen ist es gleichgültig, ob der Fall sporadischer oder epidemischer Natur, ob das Individuum alt oder jung, männlich oder weiblich ist, ob Complikationen bestehen oder nicht.

2) **Jede Exacerbation muss während des ganzen Verlaufes wo möglich verhütet, jedenfalls bekämpft werden.** Insbesondere muss dieses für den Anfang gefordert werden bis zur Vollendung der von mir sogenannten Klärungsperiode.

3) **Modifikationen des Verfahrens bei der Prüfung bitte ich dringend zu unterlassen.** Die Meinung, dass es sich bei der Anwendung des Wassers nur um Kühlung handelt, während doch die erregende Eigenschaft des Wassers es hauptsächlich ist, die beim Typhus vorzüglich wirkt und heilt, gibt zu sehr Veranlassung zu Fehlern, als dass ich nicht warnend entgegentreten sollte. Hat man sich erst von der vollen Wirksamkeit des Verfahrens, so wie ich es angegeben habe, überzeugt, so mag es Jedem überlassen bleiben, an dem Verfahren zu ändern, was ihm gut däucht. Doch dürfte es nicht Viel sein. Das was geschehen soll, geschehen muss, wird nicht von dem Belieben des Arztes, sondern von der Mächtigkeit des Fiebers und von der Zahl der Exacerbationen bestimmt. Wer diesen nicht gerecht wird, — muss grobe Behandlungsfehler begehen.

Es wäre thöricht von mir zu glauben, dass durch meine Mittheilungen schon in der nächsten Zeit das allgemeine Sterblichkeitsverhältniss des Typhus werde verändert werden. Aber so viel ist mir unzweifelhaft, dass alle diejenigen, welche die Mühe nicht scheuen, näher Kenntniss von der Sache zu nehmen, sich überzeugen werden, dass **jeder Typhus, wenn er von Anfang ab sorgfältig nach meiner Angabe behandelt wird, einen leichten, schnellen Verlauf nimmt und fast niemals tödtlich endet, so dass also der Arzt im Stande ist, jeden einzelnen Fall, an dessen Erhaltung ihm liegt, mit aller Bestimmtheit am Leben zu erhalten.**

Buchdruckerei von Hercke & Lebeling in Stettin.

www.ingramcontent.com/pod-product-compliance
Lightning Source LLC
Chambersburg PA
CBHW021959190326
41519CB00010B/1332